电子整机装配工艺与调试
（第2版）

主　编　王奎英

副主编　冯　睿　李海敏

电子工业出版社·

Publishing House of Electronics Industry

北京·BEIJING

内 容 简 介

本书根据职业院校电子类专业教学大纲，结合《关于在院校实施"学历证书+若干职业技能等级证书"制度试点方案》，并参考历年来全国电工电子技能大赛方案编写而成。

全书分为七个项目，分别为常用工具和仪器仪表的使用、常用电子元器件的识读与检测、常用电子材料的识别与加工、印制电路板的设计与制作、电子元器件的插装与焊接、电子产品的整机装配、电子产品的调试与检验。

全书实践技能突出，理论知识简约清楚，整个教学内容贴近生产实际，符合电子企业的岗位需求，适合职业院校电子类专业使用，也可作为电子企业技术工人的上岗培训用书。

本书配有免费的教学资料包（课件、实操视频、工作页），详见前言。

图书在版编目（CIP）数据

电子整机装配工艺与调试 / 王奎英主编. —2 版. —北京：电子工业出版社，2022.2
ISBN 978-7-121-42859-3

Ⅰ．①电… Ⅱ．①王… Ⅲ．①电子设备－装配（机械）－职业教育－教材②电子设备－调试方法－职业教育－教材 Ⅳ．①TN805

中国版本图书馆 CIP 数据核字（2022）第 021711 号

责任编辑：蒲　玥　　　　　　特约编辑：田学清
印　　刷：涿州市京南印刷厂
装　　订：涿州市京南印刷厂
出版发行：电子工业出版社
　　　　　北京市海淀区万寿路 173 信箱　　　　邮编 100036
开　　本：880×1230　　1/16　　印张：14　　字数：313.6 千字
版　　次：2012 年 2 月第 1 版
　　　　　2022 年 2 月第 2 版
印　　次：2024 年 12 月第 5 次印刷
定　　价：38.90 元

凡所购买电子工业出版社图书有缺损问题，请向购买书店调换。若书店售缺，请与本社发行部联系，联系及邮购电话：（010）88254888，88258888。
质量投诉请发邮件至 zlts@phei.com.cn，盗版侵权举报请发邮件至 dbqq@phei.com.cn。
本书咨询联系方式：（010）88254485，puyue@phei.com.cn。

修订说明

　　本书自 2012 年出版至今，发行量较大，受到了职业院校广大师生的欢迎。在教学实践中也收到一些师生反馈的宝贵意见，除了更新一些内容，还希望把课程思政有机地融入教材中。为此，本书做了一些探索。

　　1．从读者的学习习惯出发，依据《国家职业教育改革实施方案》，结合《关于在院校实施"学历证书+若干职业技能等级证书"制度试点方案》，参考工作过程系统化的原则，对第 1 版图书进行修订，对整体构架和内容设置进行全新的编排，注重了知识性、系统性、操作性的结合。

　　2．对第 1 版中个别错漏进行订正和补充，对全书的用词和图形符号进行统一规范。将第 1 版项目六、七、八统一整合，调整为"项目六　电子产品的整机装配""项目七　电子产品的调试与检验"。考虑到校园教学实际，删除了电子产品质量管理相关内容。

　　3．项目一中"任务四　示波器的使用"在第 1 版中是以模拟示波器为例介绍使用方法的，修订版更换为数字示波器。

　　4．项目六"任务二　识读生产工艺文件"中补充了表格里的内容，更好地方便学生理解。

　　5．每个任务后面增加了"阅读与思考"课程思政内容，便于培养学生以后对本职工作的热情，也为培育其工匠精神奠定基础。

编　者

2021 年 10 月

前　言

依据《国家职业教育改革实施方案》，结合《关于在院校实施"学历证书+若干职业技能等级证书"制度试点方案》，参考历年来全国电工电子技能大赛方案，本着"以服务为宗旨，以就业为导向，以能力为本位"的指导思想，在走访部分电子产品生产企业的基础上，我们编写了《电子整机装配工艺与调试》（第2版）这本书。

本书以技能操作为主，以知识实用为原则，以提高学生综合职业能力和服务终身发展为目标，基于工作过程系统化构建了"任务描述"—"信息收集"—"任务实施"模式，中间穿插"阅读与思考"课程思政内容，以培育学生的工匠精神。在本书的编写中，我们力求突出以下特色。

（1）在编写理念上，贴近中职学生的认知规律，以电子整机装配工艺与调试为中心，以工业和信息化部电子行业无线电调试的国家职业标准为参照，采用大量的图形和表格等直观表达方式，注重"教、学、做"合一，突显"理论实践一体化"的职教特色。

（2）在结构设置上，体现工作过程化。把"任务描述"放在每个任务开端，开门见山，使学生对本任务的重点技能一目了然；"信息收集"帮助学生储备必要的理论知识、基本技能；"任务实施"着重让学生利用知识与技能在实践中完成任务，并检验评价完成质量。部分环节添加"知识拓展"的内容，目的是拓展延伸中职学生的理论知识。整个任务把教学过程联系起来，过渡自然，语言质朴，贯穿着以"学生为中心、以老师为主导"的理念。

（3）在内容编排上，紧跟电子技术的发展潮流，以教学大纲为本，根据电子企业的岗位需求来选择教学内容，体现新知识、新技术、新工艺、新方法。尤其是书中的"注意事项"，均来自一线教师和企业技术人员的心得体会与经验总结，学生掌握之后，将会帮助其提高技能水平和操作速度。

（4）在呈现形式上，全书穿插了"阅读与思考"，以生动的故事体现着"执着专注、精益求精、一丝不苟、追求卓越"的工匠精神，同时提高学生的思想认知水平，以达到课程思政效果。设置的思考题打破以往的形式，既能够培养学生对本专业学习的兴趣，又能够锻炼学生的写作和演讲技能。

本书分为七个项目，建议安排120学时，在教学过程中可参考如下所示的课时分配表。

课时分配表

项 目 序 号	项 目 内 容	参 考 课 时
项目一	常用工具和仪器仪表的使用	10
项目二	常用电子元器件的识读与检测	10

续表

项 目 序 号	项 目 内 容	参 考 课 时
项目三	常用电子材料的识别与加工	20
项目四	印制电路板的设计与制作	20
项目五	电子元器件的插装与焊接	22
项目六	电子产品的整机装配	30
项目七	电子产品的调试与检验	8

本书由河南机电职业学院王奎英担任主编并统稿，河南省新乡市职业教育中心冯睿和河南机电职业学院李海敏担任副主编。编写人员分工如下：河南省工业科技学校秦颖编写项目一和项目二；李海敏编写项目三和项目六；冯睿编写项目四；王奎英编写项目五和项目七；河南测绘职业学院王薇雅编写全书的"阅读与思考"和插图；河南机电职业学院李俊宏、王孜晓制作了全书的课件。在本书提纲的制定和各项目的编写过程中，得到了通用电气公司（GE）白昱、河南柯渡医疗器械有限公司崔海燕和乔柘森、麦克维尔中央空调有限公司于洪、郑州仁荣祥医疗器械有限公司庄健传的指导和帮助，在此致以诚挚的谢意！

本书配有免费的教学资料包（课件、实操视频、工作页），请有需要的读者登录华信教育资源网（www.hxedu.com.cn）免费注册后再进行下载。如有问题请在网站留言板留言或与电子工业出版社联系（E-mail：hxedu@phei.com.cn）。

由于编者水平有限，书中难免存在不足之处，敬请广大读者批评指正。

编　者
2021 年 10 月

目 录

常用工具和仪器仪表的使用

在电子产品整机装配过程中离不开工具和仪器仪表，能否正确地选用和熟练使用工具和仪器仪表将影响电子产品整机装配的质量、工作效率，甚至影响到人身安全。本项目主要介绍电子整机产品装配中常用的工具、万用表、信号发生器、示波器的用途和使用方法。

任务一 常用工具的使用

 任务描述

电子产品整机装配中常常用到紧固工具、剪切工具、专用工具、焊接工具、钳工工具等。

基于不同型号的螺丝刀、扳手、剪刀、镊子、剥线钳、尖嘴钳、钢丝钳、游标卡尺、电烙铁、台钻等完成以下任务。

（1）用螺丝刀旋动螺钉。

（2）用扳手紧固螺母。

（3）用剥线钳剥去导线端部绝缘层。

（4）用游标卡尺测量元器件的长度、外径、内径，读出数值，并填入相应的表格中。

 信息收集

紧固工具：螺丝刀

一、紧固工具的使用方法

紧固工具用于拧紧或拧松螺钉、螺栓或螺母，包括螺钉旋具、螺帽旋具、扳手等。

1. 螺钉旋具

螺钉旋具主要是螺丝刀（又称改锥或起子），有一字形螺丝刀、十字形螺丝刀，如图 1-1 所示。在电子产品整机装配中还经常用到钟表螺丝刀，如图 1-2 所示。

图 1-1　螺丝刀

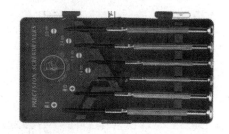

图 1-2　钟表螺丝刀

1）螺丝刀的使用方法

（1）以右手握持螺丝刀，手心抵住柄端，让螺丝刀口端与螺钉槽口处于垂直吻合状态。

（2）当开始拧松或最后拧紧时，应用力将螺丝刀压紧后再用手腕力扭转螺丝刀；当螺钉松动后，即可用手心轻压螺丝刀柄，用拇指、中指和食指快速转动螺丝刀。

（3）一般"右紧左松"，即顺时针方向旋动为拧紧，逆时针方向旋动为拧松，特殊场合则相反。

2）螺丝刀的使用注意事项

（1）不可把螺丝刀当作撬棒或凿子使用。

（2）在使用前应先擦净螺丝刀柄和口端的油污，以免工作时滑脱而发生意外，使用后也要擦拭干净。

（3）使用时应保持整个螺丝刀和手干燥，且手不得触及螺丝刀金属杆。

2．螺帽旋具

螺帽旋具又称螺帽起子，如图 1-3 所示，适用于装拆外六角螺钉或螺母，能使螺钉或螺帽上得更紧，而且拆卸时更快速、更省力，不易损坏螺钉或螺母。

图 1-3　螺帽起子

3．扳手

紧固工具：扳手

扳手是紧固或拆卸螺栓、螺母的手工工具，常用的有固定扳手、活动扳手。

1）固定扳手

固定扳手用于紧固或拆卸螺栓或螺母，其有开口扳手、梅花扳手、组合扳手、套筒扳手等。如图 1-4 所示，上述四种固定扳手的使用方法如下。

（1）开口扳手：两头均为 U 形钳口的开口扳手在使用时，先将其套住螺栓或螺母六角的两个对向面，确保完全契合后再施力。施力时，一只手推住开口扳手与螺栓或螺母的连接处，另一只手握紧扳手柄部往身边拉扳，当拉到身体或物体阻挡时，将扳手取出重复前述过程。

（2）梅花扳手：两端呈花环状，其内孔由两个正六边形相互同心错开 30° 而成。一般梅花扳手头部有弯头，这样的结构便于拆卸、装配在凹槽的螺栓或螺母。使用梅花扳手时，左手推住梅花扳手与螺栓或螺母的连接处，保持接触部分完全契合，右手握住梅花扳手的另一端并加力。因为梅花扳手可将螺栓、螺母的头部全部围住，所以可以施加大力矩。

（3）组合扳手：又叫两用扳手，是把梅花扳手和开口扳手组合在一起而形成的。在紧固过程中，可先用开口扳手把螺栓或螺母旋到底，再使用梅花扳手完成最后的紧固。而拧松时则应先使用梅花扳手。

（4）套筒扳手：通用的套筒扳手由带六角孔或十二角孔的套筒配有手柄或接杆等多种附件组成。特别适用于拧转作业空间十分狭小或凹陷很深处的螺栓或螺母。

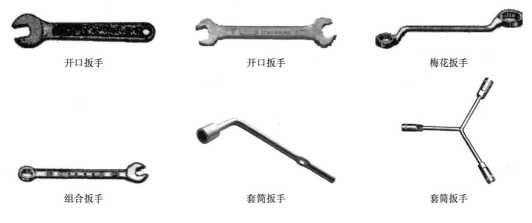

图 1-4　固定扳手

2）活动扳手

活动扳手适用于旋动尺寸不规则的螺栓、螺母，它能在一定范围内任意调节开口尺寸。它由固定钳口和可调钳口两部分组成，其开口大小通过调节蜗轮进行调整。活动扳手及使用方法如图 1-5 所示，其使用方法如下。

（1）先将活动扳手调整合适，使活动扳手的钳口与螺栓或螺母两对边完全贴紧，不存在间隙。

（2）施加力，使可调钳口受推力，固定钳口受拉力，如图 1-5（a）所示。这样能保证螺栓、螺母及扳手本身不被破坏。

（3）扳动较大的螺栓、螺母时，所用力矩较大，手握住手柄尾部；扳动较小的螺栓、螺母时，为了防止钳口处打滑，手可握在接近头部位置，且用拇指调节和稳定蜗轮。

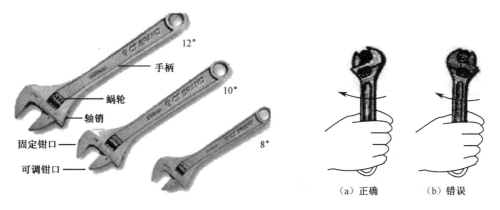

图 1-5　活动扳手及使用方法

3）扳手的选用方法

（1）一般按照"先套筒扳手，后梅花扳手，再开口扳手，最后活动扳手"的原则进行。

（2）扳手的尺寸很多，一般以它能拧动的螺栓或螺母正对面间的距离为准。

（3）依据扳手是否容易接近螺栓或螺母而选用，如有些螺栓或螺母必须从横侧面插入，此时可用开口扳手。

（4）依据紧固件的力矩而选用，如果力矩大，应使用承受力矩大的扳手，如梅花扳手。

4）扳手的使用注意事项

（1）扳转时，严禁在扳手手柄上加套管以增加力矩。

（2）严禁把扳手当作锤子使用，这样会损坏扳手。

（3）确保扳手和螺栓或螺母的尺寸、形状完全吻合，否则打滑会造成螺栓或螺母损坏。

（4）不能使用开口扳手和活动扳手拆卸大力矩螺栓或螺母，放置它们的位置不能太高或只夹住螺栓或螺母的一小部分，否则在紧固中打滑后会损坏螺栓、螺母或扳手。

（5）梅花扳手转动 30°后，就可以更换位置。

二、剪切工具的使用方法

剪切工具

剪切工具用于剪切导线、元器件引脚、金属丝等，常用的有斜口钳、剪刀、尖嘴钳、钢丝钳等。

1．斜口钳

斜口钳也称偏口钳，如图 1-6 所示。其钳口有刃口，端部呈圆形，专用于剪切导线、元器件的过长引脚，比钢丝钳和尖嘴钳方便，还可以代替一般剪刀用来剪切套管、尼龙扎线等。

💡 **注意事项** ——————————————————————————

斜口钳不能用来剪切硬的或粗的金属丝，否则会损坏刃口。

2．剪刀

剪刀主要用于剪切塑料套管、金属丝、细导线等，如图 1-7 所示。一般右手使用它，其使用方法和日常用的剪刀没有区别。

图 1-6 斜口钳

图 1-7 剪刀

3．尖嘴钳

可使用尖嘴钳的刀口部分剪切金属丝，用它的钳口前部夹持导线、元器件，还可以将元器件引脚、单股导线弯成一定的圆弧形状，适合在较小的空间内操作。尖嘴钳如图 1-8 所示。

4．钢丝钳

钢丝钳用来剪切或夹持电线、金属丝和工件，分为钳头和钳柄。钳头由钳口、齿口、刀口和铡口组成。钢丝钳的结构如图 1-9 所示。其中钳口用来弯绞和钳夹线头；齿口用来旋转螺钉、螺母；刀口用来切断电线、起拔铁钉、剥削绝缘层等；铡口用来铡断硬度较大的金属丝，如钢丝等。使用时，一般用右手操作，将钳头的刀口朝内侧，即朝向操作者，以便于控制剪切部位。再将小指伸在两钳柄中间来抵住钳柄，张开钳头，这样分开钳柄比较灵活。

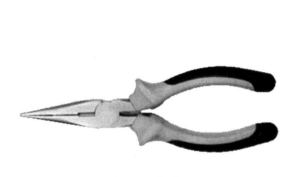

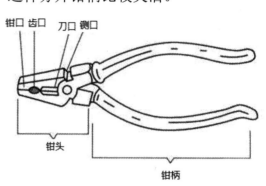

图 1-8　尖嘴钳　　　　　　　　　图 1-9　钢丝钳的结构

三、专用工具的使用方法

专用工具：剥线钳

专用工具是指专门用于电子产品整机装配的工具，包括剥线钳、绕线器、压接钳、热熔胶枪等。

1．剥线钳

剥线钳的主要部分是钳头和手柄，如图 1-10 所示，用于剥削直径在 3mm 以下的电线线头的塑料、橡皮绝缘层。它的钳口工作部分有 0.5～3mm 的多个不同孔径的钳口，以便剥削不同规格的导线绝缘层。其使用方法如下。

（1）用标尺定好要剥掉的绝缘层长度。

（2）将导线放在钳口中。一般为了不损伤线芯，宜将导线放在大于线芯的钳口中。

（3）用手将两个钳柄向内握，导线的绝缘层皮即被剥离弹出。

2．绕线器

绕线器又称绕线枪，将导线按规定圈数紧密地缠绕在其带有棱边的接线柱上，可成为牢固的接点。绕线器是无锡焊接技术中进行绕接操作的专业工具。它具有可靠性高、效率高、无污染等优点，且使用方便，简单易学。绕线器如图 1-11 所示。

图 1-10　剥线钳

（a）手动式　　　　　　　　　（b）充电式　　　　　　　　　（c）电动式

图 1-11　绕线器

💡 注意事项

使用绕线器之前应先练习使用数次，然后方可工作。使用一段时间后，应定期往绕线器内加油，并保持其绕头内部清洁。另外，装绕头时不要压得太死。

3. 压接钳

压接钳是无锡焊接技术中进行压接操作的专用工具，用于压接接线鼻等。压接钳有快速液压钳和普通压接钳，如图 1-12 所示。

 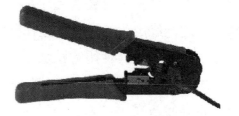

（a）快速液压钳　　　　　　　　　　　　　　（b）普通压接钳

图 1-12　压接钳

1）用快速液压钳压接接线鼻的方法

（1）根据接线鼻规格选用同规格的压膜装入压具，插上挡销。

（2）将导线端头去除绝缘层，将线芯插入接线鼻内。

（3）将插有线芯的接线鼻放入快速液压钳的压膜内，旋紧液压释放开关实施加压。

（4）压好后，旋松液压释放开关，取出压好的接线鼻。

2）普通压接钳的使用方法

（1）将导线端头去除绝缘层。

（2）将线芯插入接线鼻内，确认压接的线头在同一轴上。

（3）用手扳动压接钳的手柄，相同材料压 2～3 次，铝-铜接头压 3～4 次。

4．热熔胶枪

热熔胶枪是专门用于胶棒式热熔胶的熔化、胶接的专用工具，如图 1-13 所示。

图 1-13　热熔胶枪

热熔胶枪的使用方法：确保需要黏胶的元器件清洁后，给热熔胶枪通电，5min 左右插入胶棒，轻扣扳机，熔胶从枪口流出到待固定元器件的位置，待熔胶冷却固定后即可达到效果。

💡 **注意事项**

热熔胶枪的温度不够时不要过分用力打胶，以免损坏热熔胶枪。

四、焊接工具的使用方法

焊接常用的工具主要有电烙铁、热风枪。

1．电烙铁

1）电烙铁的种类

（1）外热式电烙铁如图 1-14 所示。这种电烙铁的烙铁头安装在烙铁芯内。其烙铁头使用的时间较长，功率较大，但热效率低、预热速度较缓慢，一般要预热 6～7min 才能焊接，且其体积较大，焊小型元器件时不是很方便。

（2）内热式电烙铁如图 1-15 所示，其烙铁芯安装在烙铁头内。这种电烙铁有发热快、质量小、体积小、热利用率高等优点。由于其热利用率高，所以 20W 的内热式电烙铁就相当于40W 左右的外热式电烙铁，因此它得到了普遍应用。

图 1-14　外热式电烙铁　　　　　　　　　　图 1-15　内热式电烙铁

（3）恒温电烙铁。其内部装有温度控制器，由它来控制开关的接通、断开和通电时间，达到控制温度的目的。在焊接温度不宜过高、焊接时间不宜过长的元器件时，应选用恒温电烙铁。恒温电烙铁如图 1-16 所示。

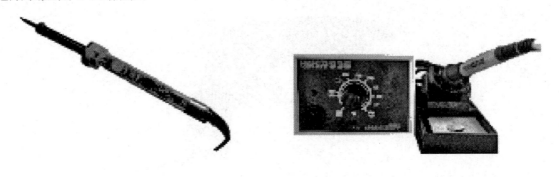

（a）无铅可调恒温电烙铁　　　　　　　（b）936 焊台/可调恒温电烙铁

图 1-16　恒温电烙铁

（4）吸锡电烙铁。吸锡电烙铁是将活塞式吸锡器与电烙铁组合在一起的拆焊工具。目前两用吸锡电烙铁使用广泛，既可用作电烙铁，也可以用作吸锡器。两用吸锡电烙铁如图 1-17 所示。

（5）气体烙铁。这是一种用液化气、甲烷等可燃气体燃烧加热烙铁头的烙铁。它适用于供电不便或无法供给交流电的场合。气体烙铁如图 1-18 所示。

图 1-17　两用吸锡电烙铁　　　　　　　　图 1-18　气体烙铁

2）电烙铁的功率和烙铁头的形状

外热式电烙铁的常用功率有 25W、30W、40W、50W、60W、75W，部分外热式电烙铁的功率甚至达到 300W。内热式电烙铁的发热效率较高，其常用功率规格有 15W、20W、30W、35W、40W、50W、70W 等。

烙铁头的形状有多种，如圆锥形、刀头形、马蹄形、弯头形等，如图 1-19 所示。

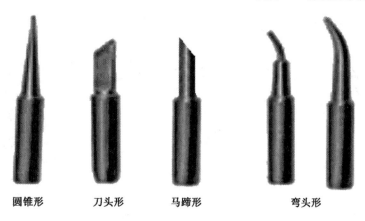

圆锥形　　刀头形　　马蹄形　　　弯头形

图 1-19　烙铁头的形状

3）电烙铁的选择

（1）焊接集成电路、晶体管及其他受热易损坏的元器件时，考虑选用 20W 内热式或 25W 外热式电烙铁。

（2）焊接较粗导线及同轴电缆时，考虑选用 50W 内热式或 45～75W 外热式电烙铁。

（3）被焊件较大时，应选用较大功率的电烙铁，如金属底盘接地焊片，应选 100W 以上的电烙铁。

（4）圆锥形电烙铁适合在元器件较多的电路中进行焊接，采用握笔法。弯头形电烙铁多用于印制电路板垂直于工作面的焊接，采用正握法。

4）电烙铁的使用及注意事项

（1）在使用前，应先通电给烙铁头上锡。具体方法是：接上电源，当烙铁头温度升到能熔锡时，将烙铁头在松香里沾涂一下，等松香以中等速度冒烟时，沾涂一层焊锡，如此反复进行两三次，使烙铁头的刃面全部挂上一层锡后便可使用了。

（2）烙铁头长度的调整。在实际工作中，可通过调整烙铁头的长度，即通过烙铁头插入烙铁芯的深度来调整烙铁头的温度，烙铁头插入深度小则温度降低，插入深度大则温度升高。

（3）电烙铁不使用时要断电，否则容易使烙铁芯加速氧化、烧断、"烧死"不再"吃锡"。

（4）更换烙铁芯时三个接线柱的连线要正确，应与外电路的接地、相线、零线对应连接。

（5）电烙铁在焊接时，最好选用无腐蚀性焊剂，如松香焊剂，以保护烙铁头不被腐蚀。

（6）电烙铁使用以后，一定要稳妥地插放在烙铁架上，并注意导线等其他杂物不要碰到烙铁头，以免烫伤导线，造成漏电等事故。

5）电烙铁的握法

（1）反握法如图 1-20（a）所示。用五指把电烙铁的柄握在掌内。此法适用于大功率电烙铁焊接散热量较大的被焊件。

电烙铁握法

（2）正握法如图 1-20（b）所示。此法适用于较大体积的弯形烙铁头。

（3）握笔法如图 1-20（c）所示。用握笔的方法握电烙铁。此法适用于小功率电烙铁焊接散热量小的被焊件。焊接电子元器件常用此方法。

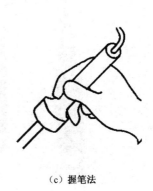

（a）反握法　　　　　　　　（b）正握法　　　　　　　　（c）握笔法

图 1-20　电烙铁的握法

6）焊锡丝的拿法

焊锡丝的两种拿法如图 1-21 所示。由于焊锡丝中含有一定比例的铅，而铅是对人体有害的一种重金属，所以操作时应戴手套或在操作后洗手，避免吸入铅尘。

2. 热风枪

焊接工具：热风枪

热风枪是利用高温热风加热焊锡膏、电路板及元器件引脚，实现焊接或拆焊的焊接工具。焊接贴片元器件时常使用热风枪。850B 热风枪的外观如图 1-22 所示。

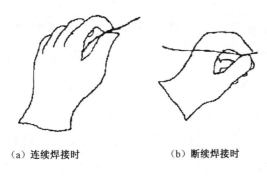

（a）连续焊接时　　　（b）断续焊接时

图 1-21　焊锡丝的两种拿法　　　　　　图 1-22　850B 热风枪的外观

1）拆焊、焊接贴片元器件的方法

拆焊小贴片元器件时一般采用小直径喷头，待温度和气流稳定后，手持热风枪的手柄，在距离拆卸的元器件 2～3cm 处，在元器件的上方均匀加热，保持垂直，待元器件周围的焊锡熔化后，用镊子将其取下。

若焊接小贴片元器件，则焊点先上锡，再用镊子夹住元器件放在焊点上。注意要将元器件放正。焊接时，等焊锡全部熔化后再撤离热风枪，等焊锡冷却固定后再拿开镊子。

2）贴片集成电路的拆焊、焊接方法

拆焊时，首先应在集成电路的表面涂放适量的助焊剂，帮助焊点均匀熔化。由于贴片集成电路的体积相对较大，所以用热风枪拆焊时可采用大直径喷头，在芯片上方 2～3cm 处均匀加热，直到芯片底部的锡珠完全熔化为止。再用镊子将整个芯片取下，电路板上的余锡可用电烙铁清除。

若焊接芯片，则应先用电烙铁在焊盘上涂上焊锡，再用镊子将芯片引脚与电路板焊盘对应，最后用热风枪加热。焊锡全部熔化后先撤离热风枪，待焊锡冷却固定后再拿开镊子。

注意事项

加热结束后应立即关闭热风枪电源，以免手柄长期处于高温状态，缩短使用寿命。

五、钳工工具的使用方法

1. 游标卡尺

游标卡尺是用于测量长度、外径、内径、深度的测量工具，是一种中等精度的量具。其常用的测量精度有 0.05mm、0.02mm、0.01mm。游标卡尺如图 1-23 所示。

精度，又叫分度值。精度为 0.02mm 的游标卡尺，是将游标上 49mm 的长度平均分为 50 个刻度，游标上每个刻度代表的实际长度为 49/50mm=0.98mm，则主尺与游标每一刻度相差 0.02mm。精度为 0.05mm 的游标卡尺，是将游标上 19mm 的长度平均分为 20 个刻度，游标上每个刻度代表的实际长度为 19/20mm=0.95mm。精度为 0.01mm 的游标卡尺，是将游标上 99mm 的长度平均分为 100 个刻度，游标上每个刻度代表的实际长度是 0.99mm。

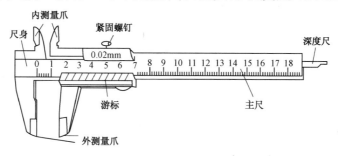

图 1-23　游标卡尺

1）游标卡尺的选择

（1）游标卡尺具有不同的量程范围，常用的量程范围为 0～150mm、0～200mm、0～500mm、0～600mm 等。应根据工件的大小选择相应的游标卡尺。

（2）游标卡尺的测量精度差别大，因此要按照工件尺寸的精度要求，选用相适应的量具。

（3）游标卡尺有普通型、单面型、数字显示型、带表头型、可拆卸刃口型、深度型、内沟槽型、大型卡尺、高度卡尺等，应根据不同用途进行选择。在电子产品整机装配中常采用普通型游标卡尺。

2）游标卡尺的使用方法

（1）明确使用方法：用外测量爪测量长度（宽、高）或圆柱外径，用内测量爪测量圆孔内径和槽的宽度，用深度尺测量槽和孔的深度。

（2）游标卡尺归零：将量爪并拢，查看游标和主尺的零刻度线是否对齐，如果对齐就可以使用。

（3）测量：右手拿住主尺，大拇指移动游标，左手拿被测工件，当量爪与工件相贴时，即可读数。

（4）读数：读数时首先以游标零刻度线为准，在主尺上读取毫米整数部分。然后看游标上第几条刻度线与主尺的刻度线对齐。若第 n 条刻度线与主尺刻度线对齐，则小数部分为 $n×$精度；若没有正好对齐的线，则取最接近对齐的线进行读数；若有零误差，则用上述结果减去零误差（零误差为负，相当于加上相同大小的零误差），读数结果为

$$L=整数部分+小数部分-零误差$$

图 1-24 所示为精度为 0.1mm 的游标卡尺读数例图。

（1）读整数：游标卡尺的零刻度线在 37～38mm 之间，即图中的 A 位置，则整数部分为 37mm。

（2）读小数：主尺刻度线与游标刻度线重合，在游标刻度的 3～4 中间，即图中的 B 位置，则小数部分为 3.5×0.1mm=0.35mm。

（3）求和（零误差为 0）：测量值为 37mm+0.35mm−0mm=37.35mm。

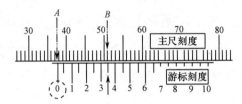

图 1-24　精度为 0.1mm 的游标卡尺读数例图

3）游标卡尺的使用注意事项

（1）使用前，应先把量爪和被测工件表面的灰尘和油污等擦干净。

（2）检查各部件，看尺框和微动装置移动是否灵活，紧固螺钉是否能起作用等。

（3）检查游标卡尺的零位，使游标卡尺的两个量爪紧密贴合（用眼睛观察应无明显的光隙）。

（4）掌握好量爪与工件表面接触的压力，应刚好使测量面与工件接触，不可过紧或过松。

（5）测量外尺寸读数后，切不可从被测工件上猛力抽下游标卡尺，否则会使量爪的测量面磨损。

（6）不能用游标卡尺测量运动着的工件。

2. 锉刀的使用方法

钳工工具：锉刀

锉刀是锉削的主要工具。所谓锉削是指用锉刀对工件表面进行切削加工，使其达到图纸要求的形状、尺寸、表面粗糙度。常用的锉刀如图 1-25 所示。锉刀一般有以下四种握法。

（1）大锉刀的握法：右手心抵着锉刀木柄的端部，大拇指放在锉刀木柄的上面，其余四指由上而下地握着锉刀木柄；左手拇指根部肌肉压在锉刀上，拇指自然伸直，其余四指弯曲捏住锉刀前端。锉削时，右手小臂要与锉身水平放置，右手肘部要抬起。

（2）中型锉刀的握法：右手与大锉刀的握法一样；左手的拇指与食指轻轻捏住锉刀前端。

（3）小型锉刀的握法：右手拇指放在刀柄上方，食指放在刀柄侧面，其余手指从下方握住锉柄；左手的食指、中指、无名指压在锉身中部，防止锉身弯曲。

（4）更小型锉刀（什锦锉）的握法：一般只用右手拿锉刀，拇指放在锉刀侧面，食指放在锉刀的上面，其余手指由上而下握住刀柄。

3．台钻的使用方法

钳工工具：台钻

台式钻床简称台钻，是一种体积小巧，操作简便，通常安装在专用工作台上使用的小型加工孔的机床。台钻的钻孔直径一般为 13mm 以下，最大不超过 16mm。台钻如图 1-26 所示。其使用方法如下。

（1）根据需要加工孔径的大小，更换好符合要求的钻头，检查电源开关是否完好。

（2）把需要加工的材料在钻台上放好（对好距离），夹紧，调整好转速。

（3）打开电源开关，抓住控制柄（或摇臂），使钻头慢慢下移到加工件上，下压钻孔。

（4）钻孔符合要求后慢慢上提钻头，直至钻头复位。

图 1-25　常用的锉刀　　　　　　　　　　　图 1-26　台钻

4．手电钻的使用方法

钳工工具：手电钻

手电钻是一种手持式的电动钻孔工具。在装配、修理工作中，经常要在工件上指定位置钻孔，在用台钻不方便的场合，就可以使用手电钻钻孔。常用手电钻如图 1-27 所示。其使用方法如下。

（1）根据孔径选择相应规格的钻头。

（2）电钻外壳保证与地线相接，然后给电钻接通电源。

（3）右手拿手电钻，钻头垂直于工件，对准需钻孔位置，握紧手柄，以防转动时钻头滑跑。

（4）右手食指按动手柄上的电源按钮，开始钻孔。

（5）钻孔到合适深度后，食指松开电源按钮，退出钻头。

图 1-27　常用手电钻

阅读与思考

格力人的自信

我国早已成为"世界工厂"，但我国消费者却存有"中国货便宜，外国货好用"的陈旧观念。特别是某国的电饭煲，在一些人的朋友圈里都说比国产电饭煲煮出的米饭更香。

这在格力集团董事长董明珠女士看来，简直是"中国制造"的耻辱。于是她给格力集团的工程师们分配了一个新任务——研制出煮饭比某国产品更好吃的电饭煲。

2016 年 3 月 8 日，格力集团在北京举办了"董明珠自媒体上线暨格力大松高端电饭煲万人体验行动"新闻发布会。这次活动最大的亮点就是试吃。

工作人员在一个个白色四格的小餐盘中盛上了四勺同一批次的大米且用不同电饭煲煮熟的白米饭，分别标注为 A、B、C、D。四勺饭分别由格力大松电饭煲与另外三款中国游客热购的外国电饭煲煮出。

现场 58 人试吃后，用舞台两侧的二维码进行扫码投票。高票胜出的 D 米饭正是由格力集团新推出的格力大松电饭煲煮出的。

董明珠策划这场特殊的试吃大会，源于 2015 年 3 月份时媒体报道国人掀起到某国抢购电饭煲的热潮。当时正值全国两会召开，记者们在路上围住全国人大代表董明珠追问："为什么中国人争着去某国买电饭煲？"董明珠当时的回答是："因为国人不自信。"

媒体报道让格力的工程师们大受刺激，憋着一股劲要研制出超过某国产品的国货。

孔进喜即是其中之一，他入职格力集团的四年中只做了一件事——不停地煮饭。每天用电饭煲煮不同的米，试验不同的水量，以便找出改进口感的办法。四年时间，研究小组用掉了 4.5 吨 20 多种不同品牌的大米。

经过研究人员的共同努力，格力电饭煲从内到外的每个技术细节都经历了成百上千次的试验。

由此可见，若不是有格力集团工程师精益求精的钻研精神与技术能力撑腰，董明珠也不会召开这次特殊的试吃大会，自信满满地为国货正名。

根据以上信息，认真思考以下问题：

（1）从孔进喜团队四年时间只做一件事上你体会到了什么样的工匠精神？请说说你的看法。

（2）初次认识和使用这么多的电子整机装配工具，你能够像孔进喜团队那样充满自信地熟练使用吗？谈谈你的想法。

任务实施

一、紧固工具旋动螺钉、螺栓和螺母

1．任务目标

熟练运用螺丝刀、固定扳手、活动扳手旋动螺钉、螺栓和螺母。

2．所需器材

（1）工具：十字螺丝刀、一字螺丝刀、固定扳手、活动扳手各1套。

（2）材料：直径不等的螺钉、螺帽、外六角螺栓、外六角螺帽各5个。

3．完成内容

用十字螺丝刀、一字螺丝刀分别拧松螺钉、螺帽，然后分别拧紧；用固定扳手、活动扳手分别拧松外六角螺栓、外六角螺帽，然后分别拧紧。

二、剥线钳剥去导线端部绝缘层

1．任务目标

熟练使用剥线钳剥去导线端部绝缘层。

2．所需器材

工具：剥线钳、尖嘴钳、钢丝钳、剪刀各1把。

材料：截面积为 $0.75mm^2$、$1.0mm^2$、$1.5mm^2$、$2.5mm^2$、$4.0mm^2$，长度为 1m 的导线各 1 根。

3．完成内容

用尖嘴钳或剪刀分别把 $0.75mm^2$、$1.0mm^2$、$1.5mm^2$ 的导线剪切为 5 根 20cm 的导线，用钢丝钳分别把 $2.5mm^2$、$4.0mm^2$ 的导线剪切为 5 根 20cm 的导线。正确选择剥线钳不同孔径的切口，用剥线钳剥去这些导线端部的绝缘层。

三、游标卡尺测量极性电容器的长度、引脚直径和钢管外径、内径

1．任务目标

熟练使用游标卡尺测量长度、外径、内径。

2．所需器材

工具：游标卡尺 1 把。

材料：直径不等的极性电容器共 3 个，小直径的钢管 2 个。

3．完成内容

游标卡尺的测量结果记录表如表 1-1 所示。用游标卡尺分别测量直径不等的 3 个极性电容器的长度和引脚直径，再用游标卡尺测量钢管的内径、外径，把测量结果填入表 1-1 中。

表 1-1　游标卡尺的测量结果记录表

名　　称	长　　度	引脚直径	外　　径	内　　径
极性电容器 1			——	——
极性电容器 2			——	——
极性电容器 3			——	——
钢管 1	——	——		
钢管 2	——	——		

四、对绕线器、压接钳、热熔胶枪、热风枪、台钻、锉刀、手电钻的认识

1．任务目标

认识绕线器、压接钳、热熔胶枪、热风枪、台钻、锉刀、手电钻，便于以后的选择使用。

2．所需器材

不同型号的绕线器、压接钳、热熔胶枪、热风枪、台钻、锉刀、手电钻若干。

3．完成内容

仔细观察这些工具的外观，能够熟练说出它们的名称。

五、任务评价

任务检测与评估

检测内容	分　值	评分标准	学生自评	教师评估
紧固工具旋动螺钉、螺栓和螺母	20	工具使用方法不正确、工具选用不当、任务没有完成，每一项扣 3～5 分。扣分不得超过 20 分		
剥线钳剥去导线端部绝缘层	20	工具使用方法不正确、工具选用不当、任务没有完成，每一项扣 3～5 分。扣分不得超过 20 分		
游标卡尺测量极性电容器、钢管	30	测量方法不正确、读数不正确、任务没有完成，每一项扣 3～5 分。扣分不得超过 30 分		
几种工具的认识	10	说不出工具名称，一种扣 1 分。扣分不得超过 10 分		
安全操作	10	不按照规定操作，损坏工具，扣 10 分。扣分不得超过 10 分		
现场管理	10	实训中工具摆放乱、找不到工具、结束后没有整理现场，每一项扣 3～5 分。扣分不得超过 10 分		
合计	100			

任务二　万用表的使用

 任务描述

基于不同阻值的色环电阻器 5 个,不同型号的三极管、不同容量的电容器各 5 个,指针式、数字式万用表各 1 个,电工电子实验台 1 个,完成以下任务。

（1）用万用表测电阻。

读出色环电阻器的阻值,再分别用指针式和数字式万用表测量其值,并填入相应的表格中。

（2）用万用表测交、直流电压。

闭合电工电子实验台的电源开关,转换交流电压挡位、直流电压挡位,用指针式和数字式万用表分别测量交、直流电压值,并填入相应的表格中。

信息收集

万用表又叫多用表、三用表,是一种多功能、多量程的测量仪表。万用表有指针式和数字式两类,每类型号很多。多种类型的万用表如图 1-28 所示。一般万用表可测量电阻、交直流电压、直流电流、三极管的放大倍数、半导体参数和音频电平等。数字式万用表还可用来测量交流电流、电容量等。

(a) 类型一　　　　　(b) 类型二　　　　　(c) 类型三　　　　　(d) 类型四

图 1-28　多种类型的万用表

一、MF47 型万用表面板的识读和操作方法

1. MF47 型万用表面板的识读

MF47 型万用表面板如图 1-28（b）所示,主要由表头、挡位开关组成,表头中间有机械调零旋钮。

指针式万用表识读

MF47 型万用表的表头的刻度盘（见图 1-29）有六条常用刻度尺：第一条为测电阻用的刻度尺；第二条为测交、直流电压和直流电流用的刻度尺；第三条为测量三极管的放大倍数用的专用刻度尺；第四条为测量电容用的刻度尺；第五条为测量电感用的刻度尺；第六条为测量音频电平用的刻度尺。刻度盘上装有反光镜，以消除视差。

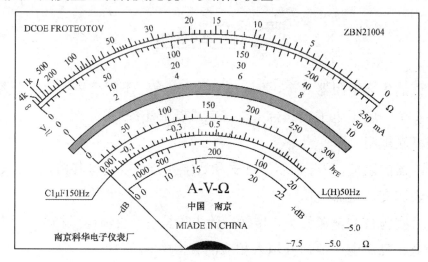

图 1-29　表头的刻度盘

挡位开关（见图 1-30）主要有四个挡位：直流电压挡、交流电压挡、直流电流挡、电阻挡，各挡位又有多个量程。另外，测量三极管的放大倍数的挡位是 hFE（绿色），与电阻 R×10 位置重合；测量音频电平的挡位是 L_{dB}（红色），与交流 10V 同位置。

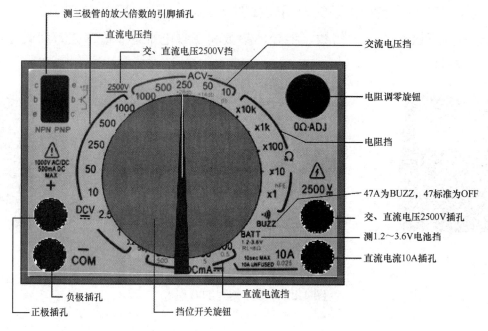

图 1-30　挡位开关

MF47 型万用表面板上有四个插孔，左下角的红色"＋"为正极插孔，接红表笔；黑色"$\overline{COM}$"为负极插孔，接黑表笔；右下角的"2500V"为交、直流电压 2500V 插孔；"10A"为直流电流 10A 插孔。这两个插孔都接红表笔。

另外，在 MF47 型万用表面板上经常可见到一些符号，其意义如表 1-2 所示。

表 1-2　MF47 型万用表面板符号意义

符　号	意　义	符　号	意　义
MF47	M 表示仪表，F 表示多功能，47 表示型号	===2.5	表示直流挡精度为 2.5 级
ACV	AC 表示交流，ACV 表示交流电压	～5.0	表示交流挡精度为 5.0 级
DCV	DC 表示直流，DCV 表示直流电压	Ω 2.5	表示欧姆挡精度为 2.5 级
A	表示电流	DC20kΩ/V	测直流电压灵敏度，即满偏电流为 1V/20kΩ＝50μA
V	表示电压	AC9kΩ/V	测交流电压灵敏度，即满偏电流为 1V/9kΩ＝110μA
$\overline{\sim}$	表示交流和直流		

2．MF47 型万用表的操作方法

1）正确插入表笔

将红表笔插入"＋"插孔中，黑表笔插入"$\overline{COM}$"插孔中。若测量的交、直流电压为 1000～2500V，或者直流电流为 500mA～10A，则红表笔分别插到标有"2500V"或"10A"的插孔中。

2）机械调零

使用前应检查指针是否指在机械零位上，否则应用小号一字螺丝刀旋转万用表面板中间的机械零位调整螺钉，使指针指示在零位上。

💡 **注意事项**

读数时目光应垂直表面，使指针与反光镜中的指针重合，以确保读数的准确。

3）测量直流电压

MF47 型万用表的直流电压挡位有 0.25V、1V、2.5V、10V、50V、250V、500V、1000V 八个量程。红表笔插入"＋"插孔中，黑表笔插入"$\overline{COM}$"插孔中，把挡位开关拨至直流电压挡，并选择合适的量程。当被测电压数值不确定时，应先选用较高的量程。红表笔接直流电压高电位，黑表笔接直流电压低电位，不能接反。把万用表两表笔并联接到被测电路上，根据测出的电压值，再逐步选用低量程，最后使指针在满刻度的 2/3 以上。

💡 **注意事项**

（1）若不知道被测直流电压的极性，则应在电路一端先接好一支表笔，用另一支表笔在电路另一端轻轻地碰一下；若指针向右摆动，则说明接线正确；若指针向左摆动（低于零点），则说明表笔接反了，应把两支表笔位置对换一下。

（2）用万用表测量电压、电流时，应使指针指示在刻度盘的右边且在满刻度的 2/3 以上，这样才能减小测量误差。

4）测量交流电压

MF47 型万用表的交流电压挡有 10V、50V、250V、500V、1000V 五个量程。将挡位开关拨至交流电压挡，表笔不分正负极，其他与测量直流电压方法相同，读数为交流电压的有效值。

5）测量直流电流

MF47 型万用表的直流电流挡有 500mA、50mA、5mA、500μA、50μA 五个量程。将红表笔插入"＋"插孔中，黑表笔插入"$\overline{\text{COM}}$"插孔中，挡位开关拨至直流电流挡，选择合适的量程。断开被测电路，将万用表两表笔串接到被测电路上，注意直流电流从红表笔流入，黑表笔流出，不能接反。若不能确定电流方向极性，则可参考测量直流电压中的"注意事项"。

6）测量电阻

MF47 型万用表的电阻挡有 ×1Ω、×10Ω、×100Ω、×1kΩ、×10kΩ 五个倍率。插好表笔，将挡位开关拨至电阻挡，选择合适的倍率。短接两表笔，旋动电阻调零旋钮，进行电阻挡调零，使指针处于电阻刻度右边的 0Ω 处。注意每次换挡位时都要调零。使被测电阻器脱离电源，用两表笔接触电阻器两端，使指针尽量指向表刻度盘的 1/3 区域（从右边起），否则应调换合适的电阻挡位，以保证读数的精度。

被测电阻器的阻值为表头指针显示的读数乘以所选量程的倍率后得到的值。例如，选用 R×10Ω 倍率挡测量，指针指示为 50，则被测电阻器的阻值为 50Ω×10=500Ω。

💡 注意事项

（1）测量电路中的电阻器时，应先切断电路电源，若电路中有电容器，则应先行放电。

（2）电阻挡的刻度是倒刻度，即从 ∞ ～ 0，区别于其他刻度线。

二、VC980⁺型数字式万用表面板的识读和操作方法

数字式万用表的优点是可以直接显示测量数据。其型号有多种，有的没有挡位选择，是自动转换的，如图 1-28（d）所示。这里介绍 VC980⁺型数字式万用表各部件的功能和使用方法。

1．VC980⁺型数字式万用表面板的识读

数字式万用表识读

VC980⁺型数字式万用表如图 1-31 所示，其面板各部件的名称及功能如表 1-3 所示。

表 1-3　VC980⁺型数字式万用表面板各部件的名称及功能

序　号	名　　称	功　　能
1	液晶显示屏	显示仪表测量的数据
2	POWER 电源开关	开启或关闭电源
3	HOLD 锁屏按键	按下此键，保留测量数据
	B/L 背光开关	长按此键，开启或关闭背光灯
4	三极管测试插孔	判断、测试三极管引脚的极性；配合"hFE"挡位，测量三极管放大倍数

续表

序　号	名　　称	功　　能
5	AC/DC 模式转换	交/直流测量转换
6	挡位开关	用于改变测量功能及量程
7	2～20A 电流测试插孔	测量 2～20A 的交、直流电流，接红表笔
8	2A 电流测试插孔	测量小于 2A 的交、直流电流，接红表笔
9	公共"地"（COM）	公共端、负极，接黑表笔
10	V/Ω/Hz 插孔	测量交直流电压、电阻及信号频率等大小，接红表笔
⚠		存在危险电压
⚠		操作者必须看说明
⏚		接地

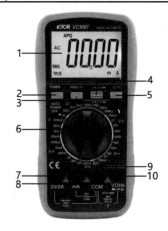

图 1-31　VC980⁺型数字式万用表

2．VC980⁺型数字式万用表的操作方法

数字式万用表的
操作方法

1）直流电压的测量

（1）将黑表笔插入"COM"插孔中，红表笔插入"V/Ω/Hz"插孔中。

（2）通过"AC/DC 模式转换"键选择"DC"模式。

（3）将挡位开关拨至"V⎓"范围内的适当量程处，然后将两表笔并联在被测电路中，则红表笔所接电压极性及该点电压将显示在液晶显示屏上。

💡 注意事项

（1）未测量时，小量程电压挡有残留数字，属于正常情况且不影响测量。

（2）测量的最大电压不能超过 1000V，若超过，则有损坏表的危险。

（3）测量时液晶显示屏上显示"1"或"-1"，说明超出量程范围，应换到大量程挡位。

2）交流电压的测量

交流电压的测量方法类同于直流电压的测量，只是要通过"AC/DC 模式转换"键选择"AC"模式，并把挡位开关拨至"V～"范围内的适当量程处（最大测量交流电压为 750V）。

3）电阻的测量

（1）黑表笔插入"COM"插孔中，红表笔插入"V/Ω/Hz"插孔中。

（2）挡位开关拨至"Ω"挡范围内的适当量程处。

（3）两表笔接触被测元件的两引脚，元件的阻值便会显示在液晶显示屏上。

💡 **注意事项** ————————————————————————

当所测量阻值超过 1MΩ 时，需要几秒才能稳定显示数值，这是正常的。

4）直流电流的测量

（1）将黑表笔插入"COM"插孔中，红表笔插入"mA"插孔中，若所测的电流大于 200mA，则需插入"20A"插孔中。

（2）通过"AC/DC 模式转换"键选择"DC"模式。

（3）将挡位开关拨至"A⎓"范围内的适当量程处，然后将两表笔串联在被测电路中，则该点电流值和红表笔所接电流极性将显示在液晶显示屏上。

💡 **注意事项** ————————————————————————

（1）最大输入电流为 200mA 或 20A，过大会烧坏熔断器。

（2）在测 20A 直流电流时应注意，连续测量大电流会使电路过热，影响精度甚至烧坏仪表。

5）交流电流的测量

交流电流的测量方法类同于直流电流的测量，只是通过"AC/DC 模式转换"键选择"AC"模式，并要把挡位开关拨至"A～"范围内的适当量程处。其注意事项同直流电流的测量。

6）电容的测量

（1）测量前对电容器放电。

（2）黑表笔插入"COM"插孔中，红表笔插入"V/Ω/Hz"插孔中。

（3）万用表挡位开关拨至测量电容值"F"挡（最大测试容量 2000μF）。

（4）两表笔分别接触电容器两引脚，所测容量显示在液晶显示屏上。

💡 **注意事项** ————————————————————————

（1）在测量电容器之前液晶显示屏会有残留读数，这属于正常现象，不影响测量结果。

（2）用量程大的挡位测量漏电严重或击穿的电容器时，将显示一组不稳定数值。

（3）测量电容器之前，对电容器应充分放电，否则会损坏仪表。

7）三极管 h_{FE} 的测量

将挡位开关拨至"hFE"挡。先判断三极管是 NPN 型还是 PNP 型，再将三极管各引脚分别插入"三极管测试插孔"相应的插孔中，其放大倍数会显示在液晶显示屏上。

8）二极管及电路通断的测量

（1）将黑表笔插入"COM"插孔中，红表笔插入"V/Ω/Hz"插孔中。

（2）将挡位开关拨至"➤━·))"挡，然后用红表笔接二极管正极，黑表笔接其负极，读数为二极管正向压降的近似值。反向连接时读数为1，否则，二极管已损坏。

（3）将表笔接在待测电路两端，若内置蜂鸣器响，则两点间的阻值小于（70±20）Ω（检测电路通断）。

9）频率的测量

将挡位开关拨至频率挡（VC980⁺型数字式万用表"2MHz"处），黑表笔插入"COM"插孔中，红表笔插入"V/Ω/Hz"插孔中，然后用两表笔分别接在被测信号电路的两端，被测信号的频率显示在液晶显示屏上。

阅读与思考

金字塔高度的测量

提起埃及这个古老神秘、充满智慧的国度，人们首先想到的是金字塔。金字塔是古埃及国王的陵墓，建于公元前2000多年。古埃及人靠简单的工具，竟能建造出这样雄伟而精致的建筑，真是奇迹。但是，在金字塔建成的1000多年里，人们都无法测量出金字塔的高度——它们实在太高大了。

约公元前600年，泰勒斯（公元前624年至前547年，古希腊第一位享有世界声誉，且有"科学之父""希腊数学鼻祖"美称的伟大学者）从遥远的希腊来到了埃及，对金字塔进行了仔细的观察，他发现：金字塔底部是正方形，四个侧面都是相同的等腰三角形。要测量出底部正方形的边长并不困难，但仅仅知道这一点还无法解决问题。他苦苦思索着。当他看到金字塔在阳光下的影子时，他仔细地观察影子的变化，找出金字塔底部正方形一边的中点，并做了标记，然后他笔直地站立在沙地上，并请人不断测量他影子的长度。当影子的长度和他的身高相等时，他立即跑过去测量金字塔影子的顶点到做标记中点的距离，最后稍做计算，就得出了这座金字塔的高度。

根据以上信息，认真思考以下问题：

（1）你能理解泰勒斯的计算方法吗？请说说你的理由。

（2）通过这个故事，学习泰勒斯注意观察、勤于思考的优良品质，并结合自己实际，以小组为单位谈一下你的想法。

（3）万用表是电子产品测量中常用的一种工具。不同的产品，常用的测量工具和测量方法有所不同，但测量就在我们身边。结合泰勒斯测量金字塔的故事，并收集"不积跬步，无以至千里""没有规矩，不成方圆""曹冲称象""六尺巷""三更灯火五更鸡"等成语故事，谈谈你对中华传统历史文化的思考。

任务实施

指针式和数字式万用表的使用

1．任务目标

熟练使用指针式和数字式万用表测量电阻、交直流电压、直流电流，并熟悉电容和三极管 h_{FE} 的测量。

2．所需器材

（1）工具：指针式、数字式万用表各 1 个，电工电子实验台 1 个。

（2）器材：不同阻值的色环电阻器 5 个，不同型号的三极管、不同容量的电容器各 5 个。

3．完成内容

1）用万用表测电阻

读出色环电阻，再分别用指针式和数字式万用表测量其值，并填入相应的表格中。指针式、数字式万用表测量电阻的记录表如表 1-4、1-5 所示。

表 1-4　指针式万用表测量电阻的记录表

项目 标称阻值	万用表挡位	实测值	误差

1-5　数字式万用表测量电阻的记录表

项目 标称阻值	万用表挡位	实测值	误差

2）用万用表测交、直流电压

闭合电工电子实验台的电源开关，转换交流电压挡、直流电压挡，用指针式和数字式万用表分别测量交、直流电压值。参考表 1-4 和表 1-5 自行绘制表格，并将结果记录在表格内。

3）用万用表测直流电流

测量电路示意图如图 1-32 所示。指针式、数字式万表表测量直流电流的记录表如表 1-6 和表 1-7 所示。根据图 1-32 所示的电路，使指针式万用表和数字式万用表的红表笔分别与三个电阻器碰触，测量 1、2、3 三点的直流电流值，结果填入表 1-6 和表 1-7 中。

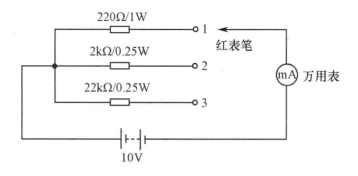

图 1-32　测量电路示意图

表 1-6　指针式万用表测量直流电流的记录表

标 称 阻 值	万用表挡位	实 测 值	理 论 值
220Ω	500mA		45.45mA
2kΩ	50mA		5mA
22kΩ	5mA		0.45mA

表 1-7　数字式万用表测量直流电流的记录表

标 称 阻 值	万用表挡位	实 测 值	理 论 值
220Ω	200mA		45.45mA
2kΩ	200mA		5mA
22kΩ	200mA		0.45mA

4）用数字式万用表测三极管的 h_{FE} 值

选出几个三极管,用数字式万用表把测得的 h_{FE} 值填入自制的表格中,表格绘制参照表 1-4。

5）用数字式万用表测电容

选出几个电容器,用数字式万用表把测得的电容填入自制的表格中,表格绘制参照表 1-4。

4．任务评价

任务检测与评估

检 测 内 容	分　值	评 分 标 准	学 生 自 评	教 师 评 估
测量电阻	20	方法错误、量程选错、读数错误,各扣 4~8 分。扣分不得超过 20 分		
测量交、直流电压	20	方法错误、量程选错、读数错误,各扣 4~8 分。扣分不得超过 20 分		
测量直流电流	20	方法错误、量程选错、读数错误,各扣 4~8 分。扣分不得超过 20 分		
测量三极管的 h_{FE} 值	10	方法错误、量程选错、读数错误,各扣 4~8 分。扣分不得超过 10 分		
测量电容	10	方法错误、量程选错、读数错误,各扣 4~8 分。扣分不得超过 10 分		
安全操作	10	不按照规定操作,损坏仪器,扣 4~10 分。扣分不得超过 10 分		
现场管理	10	物品摆放乱、结束后不整理现场,各扣 4~10 分。扣分不得超过 10 分		
合计	100			

知识拓展

万用表的使用注意事项

日常使用万用表时除了以上各"注意事项"，还应注意以下内容。

（1）测量时不能用手触摸表笔的金属部分，以保证安全和测量的准确性。

（2）不能在测量过程中调整挡位，避免电刷的触点产生电弧而烧坏印制电路板或电刷。

（3）测量完毕后，对于指针式万用表，应将挡位开关拨至交流电压最高挡或空挡；对于数字式万用表，应将电源开关关闭。如果长期不用，应将万用表内部的电池取出。

（4）对于指针式万用表，表内电池的正极与面板上的"COM"插孔相连，负极与面板上的"＋"插孔相连。对于数字式万用表，表内电池的负极与面板上的"COM"插孔相连，正极与面板上的其他表笔插孔相连，如 VC980⁺型数字式万用表的"20/2A""mA""V/Ω/Hz"插孔。使用内电源测量有极性的元器件时一定先分清这两类万用表内电源的极性，如测量和判断二极管、三极管的极性和好坏，判断极性电容器的好坏。

（5）不允许用万用表的电阻挡直接测量高灵敏度的表头内阻，以免烧坏表头。

任务三　信号发生器的使用

任务描述

根据实验室具有的信号发生器，如 EE1641D 型函数信号发生器，完成以下具体任务。

（1）熟知函数信号发生器面板各部件的名称和功能。

（2）用函数信号发生器调试出规定的信号。

信息收集

信号发生器是指产生所需参数的电测试信号的仪器，又称信号源。它在生产实践和科技领域中有着广泛的应用。

一、信号发生器的分类与用途

信号发生器按照产生的信号类型可以分为正弦信号发生器、函数信号发生器、脉冲信号发生器、随机信号发生器、专用信号发生器。正弦信号发生器提供最基本的正弦波信号，可以用作参考频率和参考幅度信号。常见的高频信号发生器和标准信号发生器都属于此类。函数信号发生器的工作频率一般不高，其频率上限为几兆赫到一二十兆赫，频率下限很低，大多可以低于 0.1Hz。脉冲信号发生器和随机信号发生器多用于专业场合。专用信号发生器是产生特定信号的专用仪器，如常见的电视信号发生器、立体声信号发生器等。

信号发生器按传统工作频段分类，有超低频信号发生器、低频信号发生器、高频信号发生器、微波信号发生器。

二、EE1641D 型函数信号发生器/计数器面板的识读

EE1641D 型函数信号发生器是一种精密的函数信号发生器/计数器，具有连续信号、扫频信号、函数信号、脉冲信号等多种输出信号和外部测频功能。

1．前面板说明

EE1641D 型函数信号发生器/计数器的前面板如图 1-33 所示,其各部件的功能如表 1-8 所示。

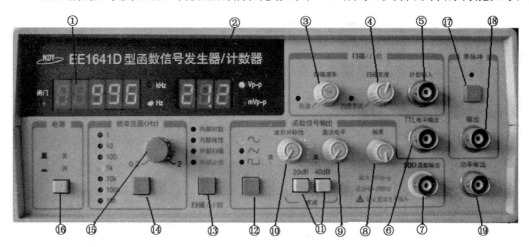

图 1-33　EE1641D 型函数信号发生器/计数器的前面板

表 1-8　EE1641D 型函数信号发生器/计数器前面板各部件的功能

序　号	名　称	功　能
①	频率显示窗口	显示输出信号的频率或外测频信号的频率，有 Hz、kHz 两种单位，自动切换，由指示灯显示
②	幅度显示窗口	显示函数输出信号的幅度，有 V、mV 两种单位，根据幅值自动切换，由指示灯显示
③	扫描速率调节旋钮	调节此电位器可调节扫频输出的扫频范围。在外测频时，逆时针旋到底（绿灯亮），为外输入测量信号经过衰减"20dB"进入测量系统
④	扫描宽度调节旋钮	调节此电位器可以改变内扫描的时间长短。在外测频时，逆时针旋到底（绿灯亮），为外输入测量信号经过低通开关进入测量系统
⑤	外部输入插座	当"扫描/计数"按钮⑬的功能选择在外扫描状态或外测频功能时，外扫描控制信号或外测频信号由此输入
⑥	TTL 信号输出器	输出标准 TTL 幅度的脉冲信号，输出阻抗为 600Ω
⑦	函数信号输出端	输出多种波形受控的函数信号,输出幅度电压最大为 $20V_{\text{p-p}}$（$1M\Omega$ 负载）、$10V_{\text{p-p}}$（50Ω 负载）

续表

序　号	名　称	功　能
⑧	函数信号输出幅度调节旋钮	调节范围为20dB
⑨	函数信号输出直流电平预置调节旋钮	调节范围为-5～5V（50Ω负载），当电位器处在中心位置时，则为0电平
⑩	输出波形对称性调节旋钮	调节此旋钮可改变输出信号的对称性，当电位器处在中心位置时，则输出对称信号
⑪	函数信号输出幅度衰减开关	"20dB""40dB"键均不按时，输出信号不经衰减，直接输出到插座口；"20dB""40dB"键分别按下时，信号幅值分别衰减10倍或100倍
⑫	函数输出波形选择按钮	可选择正弦波、三角波、矩形波输出
⑬	扫描/计数按钮	可选择多种外扫描方式和外测频方式
⑭	频率范围选择按钮	每按一次此按钮可改变输出频率的1个频段
⑮	频率微调旋钮	在频段选定范围内微调输出信号频率，调节范围为基数的0.3～3倍
⑯	整机电源开关按钮	此按钮按下时，机内电源接通；此按钮释放时，关掉整机电源
⑰	单脉冲按钮	每按一次该按钮，单脉冲输出电平翻转一次
⑱	单脉冲输出端	输出单脉冲信号
⑲	功率输出端	提供>4W间频信号功率输出，仅对×100，×1k，×10k挡有效

2．后面板说明

EE1641D型函数信号发生器/计数器的后面板仅有一个交流市电220V的电源线插座，该插座内置熔断器管座，其容量为0.5A。

三、EE1641D型函数信号发生器/计数器面板的使用

EE1641D型函数信号发生器/计数器面板的使用步骤如下。

1）连接电源

检查市电电压，确认市电电压在220（1±20%）V范围内，方可将电源线插头插入本仪器后面板的电源线插座内。按下整机电源开关按钮，信号发生器通电。

2）自校检查

在使用本仪器进行测试工作之前，可对其进行自校检查，以确保仪器工作正常。EE1641D型函数信号发生器/计数器的自校检查程序如图1-34所示。

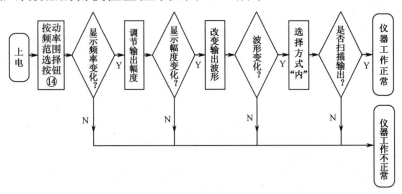

图1-34　EE1641D型函数信号发生器/计数器的自校检查程序

3）输出 50Ω 主函数信号

（1）终端连接 50Ω 匹配器的测试电缆，由前面板的函数信号输出端⑦输出，使信号源的信号连接到示波器或其他仪器的输入端。

（2）用频率范围选择按钮⑭选定输出函数信号的频段，用频率微调旋钮⑮调整输出信号频率，直到得到所需的工作频率值为止。

（3）用函数输出波形选择按钮⑫选定输出函数的波形，可分别获得正弦波、三角波、矩形波。

（4）用函数信号输出幅度衰减开关⑪和函数信号输出幅度调节旋钮⑧选定和调节输出信号的幅度。如果调节函数信号输出幅度调节旋钮⑧到最小还不能满足使用要求，可再配合使用函数信号输出幅度衰减开关⑪。

（5）用函数信号输出直流电平预置调节旋钮⑨选定输出信号所携带的直流电平。

（6）用输出波形对称性调节按钮⑩改变输出脉冲信号占空比（波峰和波谷占用时间之比），输出波形为三角波时可将三角波调为锯齿波。

四、信号发生器的使用和维护注意事项

（1）信号发生器采用了大规模集成电路，因此修理时禁用二芯电源线的电烙铁。

（2）校准测试时，测量仪器或其他设备的外壳应接地良好，以免意外损坏。

（3）维护修理时，一般先排除直观故障，如断线、碰线、器件倒伏、接插件脱落等可视故障，然后用必要的手段来对故障电路进行静态、动态检查，并按实际情况处理。

（4）针对重大故障及严重损坏，应进行技术咨询或返回工厂修理。

阅读与思考

老人捕蝉

孔子师徒去楚国的时候，路过一片树林，他们看到一位驼背的老人正在黏蝉。老人技术高超，一抓一个准，黏蝉就和捡东西一样轻松。孔子暗暗叫奇，便上去与他交谈。

"老人家，您捕蝉如同探囊取物般灵巧，这里面有什么门道吗？"

"有门道啊。这需要练习五六个月。先练习用竹竿顶两颗泥丸，当泥丸不掉下来时，再去黏蝉，失误率就极低了。然后练习在竿头上放三个泥丸，保持不掉，再去黏蝉，失误率只有十分之一。如果放了五个泥丸还能保持不掉，再去黏蝉，就会和拾蝉蜕一样易如反掌。当我黏蝉的时候，身体如同没有生命的木桩子一样纹丝不动，举起的手臂像树木的枯枝一样平稳。虽然天地很大，万物很多，但那时那刻，我眼里只看见蝉的翅膀，脑子里什么也不想。我不回头也不侧身，世间万物的变化都不能把我的注意力从蝉翼上移走。做到这个份上，怎么会黏不住蝉呢？"

听完捕蝉老人的话，孔子转头对学生们说："用志不分，乃凝于神，说的就是这位驼背的老者啊！"

根据以上信息，认真思考以下问题：

（1）老人捕蝉的故事蕴含了哪些道理？请说说你的理解。

（2）这个故事对你熟练使用信号发生器有什么启示？

（3）请结合生活实际，以小组为单位，谈一谈信号发生器在人们生活中的广泛应用及重要性。

 任务实施

信号发生器的使用

函数信号发生器的使用

1．任务目标

熟知函数信号发生器的使用。

2．所需器材

根据实验室具备的函数信号发生器任选一台。

3．完成内容

（1）识读函数信号发生器面板各部件功能，包括按钮、旋钮、插孔、指示灯、显示区。

要求：每两人一组，一人读面板，另一人聆听，相互指导，直到都熟知为止。

（2）调试出规定参数值的函数信号：①调试出 $U_{p\text{-}p}$=5V，f=10.5kHz 的对称正弦波；②调试出 $U_{p\text{-}p}$=29mV，f=200Hz 的矩形波；③调试出 $U_{p\text{-}p}$=9V，f=200kHz 的三角波。

4.任务评价

任务检测与评估

检测内容	分值	评分标准	学生自评	教师评估
函数信号发生器面板的识读	35	识错一项，扣2分。扣分不得超过35分		
调试出规定参数值的函数信号	45	每调错一个波形扣15分；方法不对、操作不当，扣10分。扣分不得超过45分		
安全操作	10	不按照规定操作，损坏仪器，扣4～10分。扣分不得超过10分		
现场管理	10	结束后没有整理现场，扣4～10分。扣分不得超过10分		
合计	100			

任务四 示波器的使用

 任务描述

根据实验室具有的示波器，如 LDS20410 型示波器，完成以下任务。

（1）熟知其面板各部件的名称和功能。

（2）用示波器测试信号发生器产生的或电工实验平台上常见的电信号，调出波形，计算出电压、V_{p-p}、频率等，并把结果填写到相应的表格中。

 信息收集

一、常用示波器的类型

示波器是一种用来显示和观测电信号的电子仪器，可以直接观察和测量信号波形、电压的大小和周期及测试相位差等。示波器一般分为模拟示波器和数字示波器。模拟示波器是一种实时检测波形的示波器，它不具有存储记忆的功能。数字示波器一般都具有存储记忆功能，能存储记忆测量过程中任意时间的瞬时信号波形。数字示波器的性能和用途远远大于模拟示波器，具有自动测量、存储、使用方便、可集成等优势。

数字示波器又分为数字存储示波器（DSO）、数字荧光示波器（DPO）和采样示波器、基于 PC 的数字示波器、手持数字示波器（示波表）等。

根据是否带显示屏，示波器分为普通示波器、虚拟示波器。普通示波器是带显示屏的。虚拟示波器只将其他主要部件放在一个小镍钢盒子里，其体积非常小，不带显示屏，需要连接到计算机软件上使用。

几种示波器的外形如图 1-35 所示。

 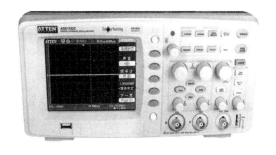 

（a）单踪示波器   （b）数字示波器   （c）手持示波器

图 1-35 几种示波器的外形

示波器的型号很多，本任务以 LDS20410 型示波器为例介绍示波器的使用方法。

二、LDS20410型示波器面板的识读

LDS20410型示波器属于数字示波器，其前面板左侧部分是显示屏，属于光栅类显示屏，用于显示测量的电信号波形；右侧部分包含按钮、各功能键、水平扫描系统、垂直放大系统等；后面板包含电源等功能接口。LDS20410型示波器外形如图1-36所示。LDS20410型示波器前后面板各部件的功能如表1-9所示。

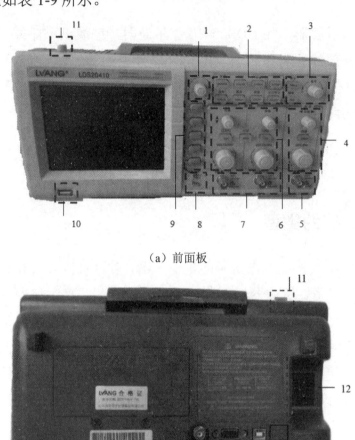

（a）前面板

（b）后面板

图1-36　LDS20410型示波器外形

表1-9　LDS20410型示波器前后面板各部件的功能

序　号	名　　称	功　　能
1	公共旋钮	（1）左右旋转：光标、网格亮度、波形亮度的调节 （2）点按操作：选择各功能后，按下此键起确定作用
2	功能菜单键	（1）测量：用于电压测量（最大值、最小值、峰峰值、顶值、底值、幅度值、均方根、平均、过冲、预冲、阻尼）、时间测量（周期、频率、上升时间、正脉宽、负脉宽、正占空比、负占空比、延迟上升、延迟下降） （2）采样：捕获快速信号、单次信号、瞬态信号的方式，实时采样 （3）存储：内部存储，存储到本机内存当中（可存储10组波形）；外部存储，外部U盘存储（可海量存储）

序　号	名　称	功　能
2	功能菜单键	（4）光标：测量光标间的电压差△U，测量光标间的时间差△T，测量光标间的频率差1/△T （5）显示：包含显示类型、屏幕网格、波形亮度、网格亮度，按对应选择功能键的显示类型选型，切换波形显示方式 （6）应用：包括接口设置、频率计、声音、语言、校准信号、时钟、时钟设置、打印设置、系统维护、界面风格、校正、通过测试 （7）自动：调节各种控制值，以产生适宜观察的输入信号显示 （8）运行/停止：正在采集触发后的信息/示波器已停止采集波形数据
3	触发锁定键	（1）单次：按下触发/锁定功能菜单中的单次功能键，此时系统将关闭自动触发扫描并等待用户操作单次触发扫描。 按触发/锁定功能菜单中的单次功能键（此时运行/停止键将变为红色）；再按单次功能键，系统将自动触发扫描一次把当时的波形记录下来，并显示在屏幕上（此功能在观察周期性信号变化时占有优势） （2）触发功能菜单包括边沿触发、脉冲触发、视频触发、斜率触发。 按触发/锁定功能菜单中的触发键，在打开的TEIG窗格中按对应的选择功能键信源选择选项，用公共旋钮键选择可改变触发系统的触发方式（CH1、CH2、EXT、市电、交替）
4	水平扫描系统	（1）扫描功能菜单包括：延迟扫描、格式、显示方式、自动跟踪。 按面板扫描功能键，打开扫描窗格，在延迟扫描选项中按对应的选择功能键打开延迟扫描开关；按时间扫描旋钮（SEC）可直接打开延迟扫描开关 （2）水平位移：用以调节光迹在水平方向的位置 （3）SEC/DIV：波形脉冲宽度调整；用以调节被测信号在变化至某一电平时触发扫描
5	外触发输入端	当选择外触发方式时，触发信号由此端口输入
6	垂直放大系统	选择垂直系统的工作方式。 （1）CH1：只显示CH1通道的信号 （2）CH2：只显示CH2通道的信号 （3）运算（math）：包含波形运算和波形分析。 波形运算功能：按面板运算功能键，打开运算窗格在操作类型选项中选择波形运算；在操作选项中选择运算方法（加、减、乘、除），选择后按公共旋钮键确定。 波形分析功能：按面板运算功能键，打开运算窗格在操作类型选项中选择波形分析；在其他运算选项中选择运算方法（Dv/dt、Sv/dt、STFFT、FFT、直方图、相关系数），选择后按公共旋钮键确定。 交替：用于同时观察两路信号，此时两路信号交替显示，该方式适合在扫描速率较快时使用 （4）VOLTS/DIV（2个）：波形幅度调整；按面板运算功能键，在荧光屏上操作类型选项中选择波形分析；在荧光屏其他运算选项中选择运算方法（Dv/dt、Sv/dt、STFFT、FFT、直方图、相关系数），选择后按公共旋钮键确定 （5）垂直位移旋钮（2个）：分别用以调节光迹在CH1、CH2垂直方向的位置
7	双通道输入端	（1）通道1输入插座CH1（X）：双功能端口，常规使用时此端口作为垂直通道1的输入口；当仪器工作在X－Y方式时，此端口作为X轴（水平）输入口 （2）通道2输入插座：垂直通道2的输入端口，在X－Y方式时，作为Y轴（垂直）输入口

序　号	名　　称	功　　能
8	校准信号	幅度：0.5V_{p-p}≤±1% 频率：可选 1kHz、10kHz、100kHz 方波
9	选择功能键	通过它们可以设置当前对应功能菜单的不同选项
10	U 盘外部存储	对应于 USB 主从连接中的主设备，支持 U 盘的存储、文件管理，以及 USB 接口打印机的直接打印，支持 U 盘对机器的升级
11	电源开关键	按压接通电源，弹出切断电源
12	交流电源接口	是仪器电源进线插口
13	RJ45 网口接口	用于数据电缆的端接，实现设备、配线架模块间的连接及变更
14	RS-232/USB 接口	串行通信接口
15	通过/失败输出接口	用于输出符合规则设定波形的脉冲信号

三、LDS20410 型示波器的使用

1. 使用前的检查

示波器初次使用或久藏复用时，需要检查示波器的外观是否良好、操作功能区的按键是否完整、合格标识及日期是否完好。

2. 通电后的检查

（1）显示检查：将数字示波器通电开机，示波器有自检功能，自检合格后，操作者检查示波器操作功能区按键指示灯正常亮起，显示屏幕中出现光迹，分别调节亮度和聚焦旋钮，使光迹的亮度适中、清晰。

（2）测试通道检查：通过连接电缆将本机校准信号输入至 CH1 通道，调节电平旋钮使波形稳定，分别调节 Y 轴和 X 轴的位移，使波形与图 1-37（a）所示的补偿适中的波形相吻合。用同样的方法检查 CH2 通道。

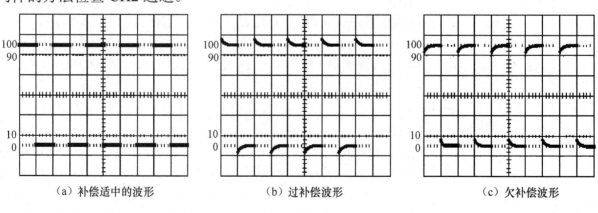

| （a）补偿适中的波形 | （b）过补偿波形 | （c）欠补偿波形 |

图 1-37　波形补偿

（3）探头的检查：首先检查测试探头是否完好，确保完好后探头分别接入两 Y 轴输入接口，将"VOLTS/DIV"开关调至 10mV，探头衰减置于×10 挡，屏幕中应同样显示图 1-37（a）所示的波形。若波形过冲，则显示过补偿波形，如图 1-37（b）所示；若波形下塌，则显示欠补

偿波形，如图 1-37（c）所示。可用高频旋具调节探头补偿元件，使波形最佳。调节探头补偿元件示意图如图 1-38 所示。

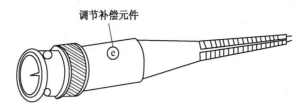

图 1-38 调节探头补偿元件示意图

做完以上检查工作后，证明本机工作状态基本正常，可以进行测试。

3．测试信号

1）电压的测量

在测量时一般把"VOCIS/DIV"开关的微调以逆时针方向旋至校准位置，这样可以按"VOLTS/DIV"的指示值直接计算被测信号的电压幅值。由于被测信号一般都含有交流和直流两种成分，所以在测试时应根据下述方法操作。

（1）交流电压的测量：当只需测量被测信号的交流成分时，首先将 Y 轴的耦合方式开关置于"AC"位置，再调节"VOLTS/DIV"开关，使波形在屏幕中的显示幅度适中。然后调节电平旋钮使波形稳定。最后分别调节 Y 轴和 X 轴的位移，使波形显示值方便读取。交流电压的测量结果如图 1-39 所示。

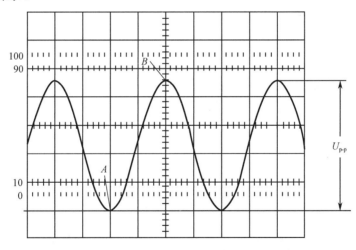

图 1-39 交流电压的测量结果

根据"VOLTS/DIV"的指示值和波形在垂直方向显示的坐标（DIV），有

$$U_{\text{p-p}}=\text{VOLTS/DIV} \times H(\text{DIV})$$

已知 VOLTS/DIV 为 2V，则 $U_{\text{p-p}}=2 \times 4.6=9.2\text{V}$。

若使用的探头置于 10：1 位置，则应将该值乘以 10。

（2）直流电压的测量：当需测量被测信号的直流或含直流成分的电压时，首先将 Y 轴的耦合方式开关置于"GND"位置。然后调节垂直位移旋钮使扫描基线在一个合适的位置上，再将耦合方式开关转换到"DC"位置。最后调节电平旋钮使波形同步。根据波形偏移原扫描基线的垂直距离，用上述方法读取该信号的各个电压值。直流电压的测量结果如图 1-40 所示。

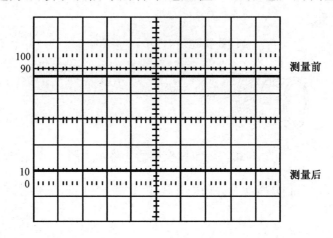

图 1-40　直流电压的测量结果

已知 VOLTS/DIV 为 0.5V，则 $U_{p-p}=3.7×0.5=1.85V$。

2）时间间隔的测量

对某信号的周期或该信号任意两点间的时间间隔进行测量时，可首先按上述操作方法，使波形获得稳定同步。然后将该信号周期或需测量的两点间在水平方向的距离乘以"SEC/DIV"开关的指示值，即可获得所求值。当需要观察该信号的某一细节（如跳变信号的上升或下降时间）时，可将"×5 扩展"按键按下，使显示的距离在水平方向得到 5 倍的扩展，再调节 X 轴的位移，使波形处于方便观察的位置，此时测得的时间值应除以 5。测量两点间的水平距离后，按下式可计算出时间间隔：

$$时间间隔（s）= \frac{两点间的水平距离（格）×扫描时间系数（时间/格）}{水平扩展系数}$$

例如，时间间隔的测量如图 1-41 所示，测得 A、B 两点间的水平距离为 8 格，扫描时间系数设置为 2ms/格，水平扩展为×1，则时间间隔=(水平扩展系数 8 格×2ms/格)/1=16ms。本例中的时间间隔刚好为周期 T，则信号频率为 $f=\frac{1}{T}=\frac{1000}{16}=62.5Hz$。

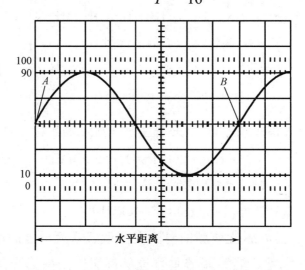

图 1-41　时间间隔的测量

阅读与思考

习　惯

中国交通建设集团港珠澳大桥岛隧工程Ⅴ工区航修队班长管延安，是《大国工匠》专题片的主人公之一。他有幸参与了港珠澳大桥这个集桥、岛、隧为一体的超大型跨海通道的修建工作。

港珠澳大桥最核心的岛隧工程只允许一毫米以内的误差。这是世界上第一条海底深埋沉管隧道，不容许任何失误，只有最顶尖的工匠才能完成标准如此苛刻的超级工程。管延安也曾在这座桥上栽了跟头。

刚开始，管延安以为工作内容没什么新鲜的，思想有些松懈。结果在第一节沉管的二次舾装作业中，一个刚安装好的新蝶阀发生渗漏现象。事后，管延安认真吸取了教训，无论是新蝶阀还是重复利用的蝶阀，都坚持逐个进行不少于 30 分钟的试压检查。就这样，他与航修队的同事们小心谨慎地奋战了三个多月，顺利地将第一节沉管安装完毕。

由于这次教训，管延安对工作的要求更加严格了。与他同班组的工匠们说："管师傅上个螺丝都要检查三遍。"而管延安对其他同事最常说的一句话就是"再检查一遍"。这种严谨的作风使得接下来的二十三节沉管作业得以顺利完成。

敬业、好学、严谨、负责，及时总结经验教训，这些好习惯让只有初中文化的管延安师傅成为我国首屈一指的深海钳工，先后获得港珠澳大桥岛隧工程"劳务之星"与"明星员工"的光荣称号。

根据以上信息，认真思考以下问题：

（1）管延安从刚开始的思想松懈，到后来养成了"再检查一遍"的好习惯，让他掌握了过硬的钳工技术。可见，普通人在工作中存在的不足，大国工匠同样可能存在。但是，普通人在意识到问题后并不一定认真去改正，大国工匠则不然。他们会痛定思痛，重新塑造好习惯，把下一次犯错的可能性降低到无限接近零的水平。这对你有什么启发？

（2）以小组为单位，谈谈你们学习、生活中有哪些好习惯需要交流？有哪些坏习惯需要克服？

（3）示波器的使用需要养成哪些好习惯？预防哪些坏习惯？

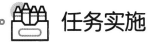

任务实施

示波器的使用

示波器的使用

1. 任务目标

熟练使用示波器，测试出变化的电信号，计算出电压、周期、频率等参数。

2．所需器材

示波器、信号发生器各一台。

3．完成内容

（1）识读示波器面板各部件功能，每两人一组，一人读面板，另一人聆听，相互指导，直到都熟知为止。

（2）参照表 1-10 中示波器技能训练操作数据，调整信号发生器输出的交流信号电压值、频率，操作示波器，显示出相应完整稳定的波形，并将剩余的操作数据填入表 1-10 中。

表 1-10　示波器技能训练操作数据

信号发生器的输出			示波器各旋钮状态				计 算 值	
波形	U_{p-p}	频率	垂直灵敏度 V/DIV	垂直 格数	水平灵敏度 ms/DIV	水平格数	U_{p-p}	T/f
正弦波	20mV	100Hz						
三角波	2V	1kHz						
方波	6V	20kHz						

4．任务评价

任务检测与评估

检 测 内 容	分　值	评 分 标 准	学 生 自 评	教 师 评 估
面板的识读	20	识错一项，扣 2 分。扣分不得超过 20 分		
正弦波	20	操作不合要求，V_{p-p}、T/f 计算有误，每项扣 8 分。扣分不得超过 20 分		
三角波	20	操作不合要求，V_{p-p}、T/f 计算有误，每项扣 7 分。扣分不得超过 20 分		
方波	20	操作不合要求，V_{p-p}、T/f 计算有误，每项扣 7 分。扣分不得超过 20 分		
安全操作	10	不按照规定操作，损坏仪器，扣 4～10 分。扣分不得超过 10 分		
现场管理	10	结束后没有整理现场，扣 4～10 分。扣分不得超过 10 分		
合计	100			

常用电子元器件的识读与检测

电子元器件是组成电子产品整机的基本单元，在电路中具有独立的电气功能，其性能和质量对电子产品整机的质量影响很大。因此，掌握常用电子元器件的性能、识别和检测方法，对提高电子产品的装配质量和可靠性起着重要的作用。本项目主要介绍电阻器、电容器、电感器、三极管、二极管、集成电路、贴片元器件等的识读及检测方法。

任务一 阻容感元件的识读与检测

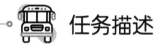

任务描述

基于不同种类、不同型号的电阻器、电容器、电感器若干，机械万用表、数字式万用表各一个，完成以下任务。

（1）根据阻容感元件标识符号，读出电阻器的阻值、电容器的电容量、电感器的电感量和它们的允许误差。

（2）分别用指针式万用表和数字式万用表测量电阻器的阻值；用指针式万用表比较电容器的电容量大小及检测其质量的优劣；用指针式万用表检测电感器质量的优劣。

（3）自行绘制表格，并将结果记录在表格内。

信息收集

电阻器、电容器、电感器是电子产品整机装配中使用最广泛的元件，同类元件可以互换使用。

一、电阻器的用途、分类及识读检测

1．电阻器的用途

物体对电流通过时的阻碍作用称为电阻，在电路中起阻碍作用的元件称为电阻器，用 R 表示。在电路中，电阻器主要用于分压和分流，以起到稳定和调节电压、电流的作用，有时也作为消耗电能的负载电阻。

2．电阻器的分类

电阻器的分类

按照制造电阻器的材料分为碳膜电阻器、金属膜电阻器、线绕电阻器、水泥电阻器等；按照电阻器的阻值是否变化分为固定电阻器、微调电位器、电位器等；按照电阻器的用途分为普通电阻器、熔断电阻器（保险电阻器）、压敏电阻器、热敏电阻器、光敏电阻器等。

部分电阻器的外形及图形符号如图2-1所示。

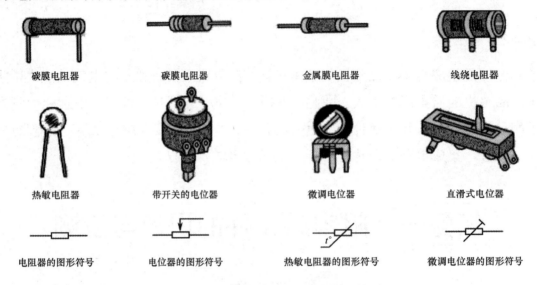

图2-1　部分电阻器的外形及图形符号

3．电阻器的主要参数

1）标称阻值

电阻器上所标示的名义阻值称为标称阻值。常用的标称阻值有E24、E12、E6系列，如表2-1所示。

表2-1　常用的标称阻值系列

系　　列	偏　　差	电阻器的标称阻值系列
E24	Ⅰ级±5%	1.0，1.1，1.2，1.3，1.5，1.6，1.8，2.0，2.2，2.4，2.7，3.0，3.3，3.6，3.9，4.3，4.7，5.1，5.6，6.2，6.8，7.5，8.2，9.1
E12	Ⅱ级±10%	1.0，1.2，1.5，1.8，2.2，2.7，3.3，3.9，4.7，5.6，6.8，8.2
E6	Ⅲ级±20%	1.0，1.5，2.2，3.3，4.7，6.8

2）额定功率

额定功率是指在规定的环境温度下，电阻器所允许消耗的最大功率，它是电阻器的一个重要参数。电阻器不同额定功率的图形符号标示，如图2-2所示。

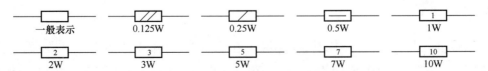

图2-2　电阻器不同额定功率的图形符号标示

4．电阻器的识读

电阻器阻值的单位是欧姆，用 Ω 表示，另外还有千欧（kΩ）和兆欧（MΩ）。其换算关系如下：

$$1MΩ=1000kΩ=1\ 000\ 000Ω$$

电阻器的识读主要有以下几种方法。

1）直标法

直标法就是用数字和文字符号在电阻器表面直接标出标称阻值和允许误差。电阻器的直标法举例如图 2-3 所示。

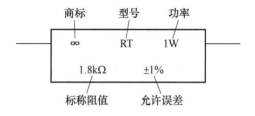

图 2-3　电阻器的直标法举例

2）文字符号法

文字符号法就是用数字和文字符号两者有规律的组合来标注标称阻值，其允许误差也用文字符号表示。电阻器的文字符号法举例如图 2-4 所示。

图 2-4　电阻器的文字符号法举例

表示阻值允许误差的文字符号如表 2-2 所示。

表 2-2　表示阻值允许误差的文字符号

文字符号	允许误差（%）	文字符号	允许误差（%）	文字符号	允许误差（%）	文字符号	允许误差（%）
E	±0.001	U	±0.02	D	±0.5	K	±10
X	±0.002	W	±0.05	F	±1	M	±20
Y	±0.005	B	±0.1	G	±2	N	±30
H	±0.01	C	±0.2	J	±5		

3）数码法

数码法就是用三位阿拉伯数字表示阻值，其中前两位表示阻值的有效数字，第三位表示有效数字后面零的个数。当阻值小于 10Ω 时，用×R×表示（×代表数字），将 R 看作小数点。电阻器的数码法举例如图 2-5 所示。

图 2-5　电阻器的数码法举例

4）色标法

色标法是用不同颜色的色环在电阻器表面标出标称阻值和允许误差的方法。色标法是目前最常用的阻值表示方法。它分为以下两种。

（1）两位有效数字的色标法。普通电阻器用四条色环表示标称阻值和允许误差，其中三条表示标称阻值，一条表示允许误差。两位有效数字的色标法如图 2-6 所示。例如，电阻器上的色环依次为绿、黑、橙和无色，则其标称阻值为 $50\times10^3=50k\Omega$，允许误差是 $\pm20\%$，电阻器上的色环是红、红、黑、金，则其标称阻值为 $22\times10^0=22\Omega$，允许误差是 $\pm5\%$，电阻器上的色环是棕、黑、金、金，则其标称阻值为 $10\times10^{-1}=1\Omega$，允许误差为 $\pm5\%$。

（2）三位有效数字的色标法。精密仪器用五条色环表示标称阻值和允许误差。三位有效数字的色标法如图 2-7 所示。例如，色环是棕、蓝、绿、黑、棕，表示 $165\Omega\pm1\%$ 的阻值。

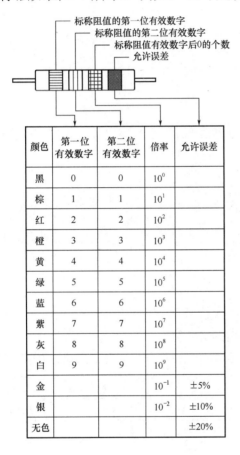

颜色	第一位有效数字	第二位有效数字	倍率	允许误差
黑	0	0	10^0	
棕	1	1	10^1	
红	2	2	10^2	
橙	3	3	10^3	
黄	4	4	10^4	
绿	5	5	10^5	
蓝	6	6	10^6	
紫	7	7	10^7	
灰	8	8	10^8	
白	9	9	10^9	
金			10^{-1}	$\pm5\%$
银			10^{-2}	$\pm10\%$
无色				$\pm20\%$

图 2-6　两位有效数字的色标法

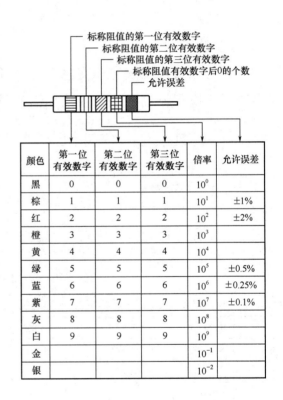

颜色	第一位有效数字	第二位有效数字	第三位有效数字	倍率	允许误差
黑	0	0	0	10^0	
棕	1	1	1	10^1	$\pm1\%$
红	2	2	2	10^2	$\pm2\%$
橙	3	3	3	10^3	
黄	4	4	4	10^4	
绿	5	5	5	10^5	$\pm0.5\%$
蓝	6	6	6	10^6	$\pm0.25\%$
紫	7	7	7	10^7	$\pm0.1\%$
灰	8	8	8	10^8	
白	9	9	9	10^9	
金				10^{-1}	
银				10^{-2}	

图 2-7　三位有效数字的色标法

5．电阻器的检测

1）外观检测

若外观有引脚折断、电阻体烧焦、开裂等，则表示该电阻器性能已不良或损坏。

电阻器的检测

2）万用表检测

用万用表合适的电阻挡位测量电阻器的实际阻值，若其值与标称阻值相差很大，甚至为无穷大，则说明该电阻器出现开路或膜层脱落、烧断等故障；若其值远小于标称阻值，甚至为零，则说明该电阻器已发生短路故障；若其值与标称阻值基本一致，误差在 5%或 10%以内，则说明该电阻器是良好的。

测量光敏、热敏、可变电阻器时，在光照有无或温度变化、滑动臂旋转时，所测阻值也应该平稳变化，否则说明该类电阻器性能不良。

注意事项

测量阻值时，应一只手拿着电阻器，另一只手像拿筷子一样拿着红、黑表笔进行测量，绝不允许手臂接触电阻器的两个引脚，以免人体电阻与被测电阻并联，影响测量的准确性。

二、电容器的用途、分类和识读检测

电容器

1. 电容器的用途

电容器是一种储能元件，能把电能转换成电场能储存起来，其主要功能是通交流隔直流、滤波及谐振，在电路中用 C 表示。电容器的图形符号如图 2-8 所示。

| 普通电容器 | 固定电容器 | 极性电容器 | 可变电容器 | 半可变电容器 |

图 2-8　电容器的图形符号

2. 电容器的分类

电容器按照结构分为固定电容器、可变电容器和半可变电容器（微调电容器）；按照绝缘介质分为空气介质电容器、云母电容器、瓷介电容器、涤纶电容器、聚苯乙烯电容器、金属化纸介电容器、电解电容器、玻璃釉电容器、独石电容器等。

常见电容器的外形如图 2-9 所示。

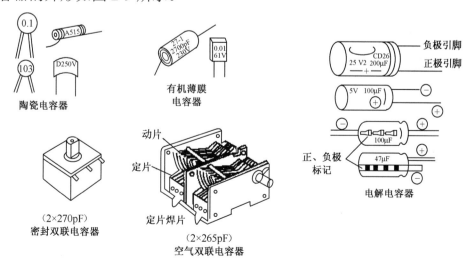

图 2-9　常见电容器的外形

3．电容器的主要参数

1）标称容量

电容器储存电荷的能力叫电容量，简称容量。其外壳上标出的容量值称为电容器的标称容量。常用的标称容量系列是E6、E12、E24，其设置方式类同于表2-1所示的常用的标称阻值系列。

2）额定电压

额定电压是指在规定的温度范围内，电容器在介质绝缘良好的前提下能够承受的最高电压。这是一个主要参数，若电容器的工作电压大于额定电压，则电容器将被击穿。

4．电容器的识读

电容器容量的单位为法拉，用 F 表示。在实际使用过程中，法拉的单位太大，常用毫法（mF）、微法（μF）、纳法（nF）和皮法（pF）做单位，其换算公式如下：

$$1mF=10^{-3}F$$

$$1μF=10^{-6}F$$

$$1nF=10^{-9}F$$

$$1pF=10^{-12}F$$

电容器的识读主要采用以下方法。

1）直标法

电容器的直标法举例如图2-10所示。

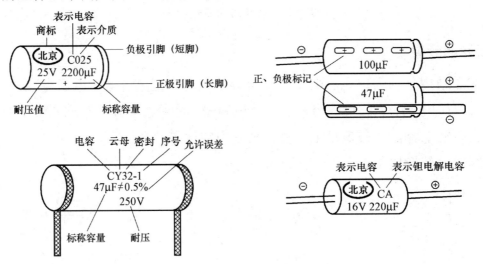

图2-10 电容器的直标法举例

2）不标单位的直接表示法

不用单位表示时，电解电容器的单位应为μF。若非电解电容器的容量是10的整数倍，则其单位为pF，若是小数，则其单位为μF。电容器不标单位的直接表示法举例如图2-11所示。

3）文字符号法

文字符号法是指将标称容量的整数部分放在容量单位标志符号的前面，将小数部分放在容量单位标志符号的后面。电容器的文字符号法举例如图2-12所示。

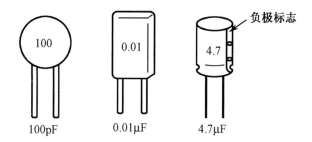

图 2-11　电容器不标单位的直接表示法举例

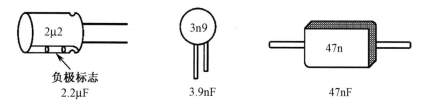

图 2-12　电容器的文字符号法举例

4）数码法

一般可用三位数字表示电容器容量的大小，其单位为 pF。其中第一、二位为有效值数字，第三位表示倍乘数，即表示有效值后 0 的个数。当第三位数为 9 时，表示 10^{-1}。电容器的数码法举例如图 2-13 所示。

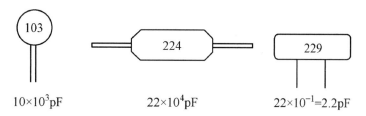

图 2-13　电容器的数码法举例

5）色标法

这种表示法与电阻器的色标法类似，将颜色涂在电容器的一端或从顶端向引脚侧排列，一般只有三种颜色，前两环为有效数字（基数），第三环为倍率，单位为 pF。三条色环的识别如表 2-3 所示。

表 2-3　三条色环的识别

颜　　　色	黑	棕	红	橙	黄	绿	蓝	紫	灰	白
颜色对应的数字	0	1	2	3	4	5	6	7	8	9
第一条色环（基数）	0	1	2	3	4	5	6	7	8	9
第二条色环（基数）	0	1	2	3	4	5	6	7	8	9
第三条色环（倍率）	10^0	10^1	10^2	10^3	10^4	10^5	10^6	10^7	10^8	10^9

例如，一个电容器，其标注的色环依次为绿、棕、红色，则该电容器的容量为 $51 \times 10^2 \text{pF} = 5100\text{pF}$。

5．电容器的检测

用普通的指针式万用表能够判断电容器的质量、电解电容器的极性，并能够定性比较电解电容器的容量大小。

1）质量的判断

用万用表的 R×1k 挡（1~47μF 的电容）或 R×100 挡（47μF 以上的电容），使红表笔接电容器负极，黑表笔接电容器正极，接触瞬间表头指针应顺时针偏转，然后逐渐逆时针回复，指针稳定后的读数即电容器的漏电阻，阻值越大，表示电容器的绝缘性能越好。若在检测过程中，指针无摆动，则说明电容器开路；若摆动角度很大，但不回复，则说明电容器已击穿或严重漏电。

💡 **注意事项**

（1）对于 1μF 以下的电容器，由于充放电现象不明显，所以检测时表头指针偏转角度很小或根本无法看清，但并不说明电容器质量有问题。

（2）重复检测电解电容器时，每次应将被测电容器的两个引脚短路放电一次。

2）极性的判断

对于正、负极标志不明显的电解电容器，可利用上述测量漏电阻的方法加以判断。先任意测一下漏电阻，记下其阻值大小，然后交换表笔再测出一个阻值。两次测试中，漏电阻大的那一次，黑表笔接的是正极，红表笔接的是负极。

3）容量的比较

在上述检测过程中，指针顺时针摆动的角度越大，说明电容器的容量越大，反之则说明其容量越小。

三、电感器的用途、分类和识读检测

电感器

1．电感器的用途

电感器俗称电感或电感线圈，用 L 表示，在电路中起阻流、变压和传送信号的作用。电感器的应用范围很广，在调谐、振荡、耦合、匹配、滤波、陷波、延迟、补偿及偏转、聚焦等电路中是必不可少的。具有自感作用的电感器通常称为电感线圈，具有互感作用的电感器通常称为变压器。

2．电感器的分类

电感器按电感形式分为固定电感、可调电感；按导磁体性质分为空心线圈、铁氧体线圈、铁芯线圈、铜芯线圈；按工作性质分为天线线圈、振荡线圈、扼流线圈、陷波线圈、偏转线圈；按线绕结构分为单层线圈、多层线圈、蜂房式线圈。

常见电感器的外形、图形及文字符号如图 2-14 所示。

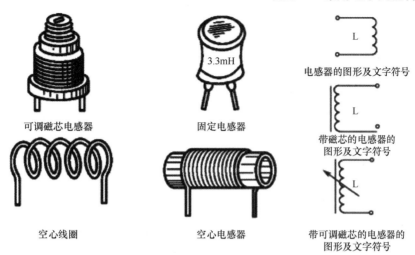

图 2-14　常见电感器的外形、图形及文字符号

3．电感器的主要参数

1）品质因数

品质因数是指电感器在某一频率的交流电压下工作时所呈现的感抗与电感器的总损耗电阻的比值，用 Q 表示。Q 值越高，表明电感器的功率损耗越小，效率越高；反之相反。

2）标称电流

标称电流是指电感器允许通过的额定电流（mA），常用 A、B、C、D、E 来分别表示 50mA、150mA、300mA、700mA、1600mA。实际应用时，通过电感器的电流不能超过标称电流。

4．电感器的识读

电感器是一种储能元件。电感的单位为亨利，简称亨，用 H 表示。比亨小的是毫亨（mH），更小的是微亨（μH）。其换算公式如下：

$$1H=10^3mH=10^6\mu H$$

电感器的识读主要采用以下方法。

1）直标法

电感器的直标法举例如图 2-15 所示。

2）色标法

电感器的色标法举例如图 2-16 所示。第一、二环表示两位有效数字，第三环表示倍乘数，第四环表示允许误差，单位为 μH。各色环颜色的含义与色环电阻器相同。

图 2-15　电感器的直标法举例　　　　　图 2-16　电感器的色标法举例

5. 电感器的检测

1）外观检测

观察电感器引脚有无断线、开路、生锈，线圈有无松动、发霉、烧焦等现象，对于带有磁芯的电感器还要看其磁芯有无松动和破损。若有上述现象，则说明电感器存在质量问题，需用万用表进一步检测。

2）万用表检测

用万用表的 R×1 挡测量电感器线圈的阻值。线圈的匝数多、线径细，阻值就大一些，反之相反。对于有抽头的线圈，各引出脚之间都有一定的阻值，若测得其阻值为无穷大，则说明线圈已开路；若测得其阻值等于零，则说明线圈已短路。另外，线圈局部短路时的阻值比正常值小一些，局部断路时的阻值比正常值大一些。

阅读与思考

生命的价值在于聚焦

宋朝时期有位天才，曾经对人生非常敷衍。

他 7 岁时开始读书，连断句作文都没学会就把诗书丢到一边四处游历。16 岁成家，21 岁得子，这并没有让他意识到对人生负责的重要性，还是终日嬉戏游玩，一副吊儿郎当的样子。

好在 25 岁那年，他突然明白了学习的重要性，转而与有才有德的君子交游。浪子回头金不换，有了目标就好办。由于在同辈人中属于比较聪明的类型，所以他觉得读书不难，没必要下苦功。

第一次参加乡试，27 岁的他自信满满，结果铩羽而归。这次落第让他痛苦不已。他搬出自己之前写的几百篇旧文仔细寻找失败的原因，才意识到自己之前的学问与文笔有多差。

他立下誓言：在没有读书明理之前，不再写任何文章。为此，他整天在书斋里苦读不休，这种状态一直持续了六七年。

经过刻苦学习，他成了饱学之士，并亲自教两个儿子读书。47 岁那年，他带着两个儿子一起进京赶考。翰林学士欧阳修非常欣赏他的几篇文章，并向朝廷举荐。一时间，士大夫们争相传诵他的文章，他也名噪一时。次年，两个儿子同榜应试及第，在京城引起了轰动。

他的名字叫苏洵。多年以后，他与两个儿子被后世合称"三苏"，并列入"唐宋八大家"的行列。

苏洵的一生只有短短 58 年，其中有 25 年在游手好闲，开始读书后仍然懒散了好几年。满打满算，苏洵当学霸的时间也只比此前浪费的时间多一两年而已。不过话说回来，尽管苏老爷子很晚才找到自己的人生方向，但他的学问成就让许多从小就开始读书的人叹为观止。这便是聚焦生命带来的巨大变化。

根据以上信息，认真思考以下问题：

（1）有句老话叫"逐二兔者不得其一"，即同时追两只兔子，最后的结果是一只也得不到。

这与苏洵聚焦生命的故事都说明什么道理？以小组为单位，各自发表自己的理解。

（2）你的学习生涯中聚焦过哪些问题？取得的效果如何？

（3）电阻器、电容器、电感器使用时要聚焦其标记的识读，你能够熟练说出其标记的含义吗？请同学之间相互测试。

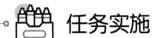 任务实施

一、电阻器的识别与检测

1. 任务目标

熟悉电阻器的识别与质量检测。

2. 所需器材

（1）工具：指针式或数字式万用表一个。

（2）器材：带有直标法、文字符号法、数码法、色标法表示的各种电阻器若干。

3. 完成内容

（1）表 2-4 所示为电阻器的识别与测量记录表。应用"信息收集"中电阻器的识读知识判读各电阻器的标称阻值和允许误差，并用万用表实测各电阻器的阻值，把结果填入表 2-4 中。

表 2-4　电阻器的识别与测量记录表

编　　号	外表标志内容	识 别 结 果		万用表实测阻值	备　　注
		标 称 阻 值	允 许 误 差		
1					
2					
3					
4					
5					
6					
7					
8					
9					
10					

（2）电阻器的检测。固定电阻器、热敏电阻器的检测记录表如表 2-5 和表 2-6 所示。根据给出的各类固定电阻器和热敏电阻器，由两位同学协作，选择几个电阻器用万用表进行检测，并将结果填入表 2-5 和表 2-6 中。

表 2-5　固定电阻器的检测记录表

编号	万用表型号	欧姆挡量程	调零否	标称阻值	实测值	误差比例	合格	不合格
1								
2								
3								
4								
5								

表 2-6　热敏电阻器的检测记录表

编号	万用表型号	欧姆挡量程	正常室温下的欧姆值	用手捏住加热 10s 后的欧姆值	用其他物理方法加热后的欧姆值	变化率	是否合格
1							
2							
3							
4							
5							

二、电容器的识别与检测

1. 任务目标

（1）熟悉电容器的识别与质量检测。

（2）比较电容器容量的大小。

2. 所需器材

（1）工具：指针式万用表一个。

（2）器材：电解电容器、瓷片电容器若干。

3. 完成内容

（1）电容器的识别记录表如表 2-7 所示。应用"信息收集"中电容器的识读知识判读各电容器的标称容量，并把结果填入表 2-7 中。

表 2-7　电容器的识别记录表

编　号	外表标志内容	识别结果		备　注
		标称容量	耐压值	
1				
2				
3				
4				
5				
6				

编　号	外表标志内容	识别结果		备　注
		标称容量	耐压值	
7				
8				
9				
10				

（2）电容器容量的比较和极性的判断记录表如表 2-8 所示。用纸带把容量大小不一的电解电容器标称值遮挡住，并标上编号，然后用指针式万用表测其漏电阻，同时观察表针的摆动情况，由此比较电解电容器容量的大小，并判断其极性，并把结果填入表 2-8 中。

表 2-8　电容器容量的比较和极性的判断记录表

电容器编号	漏　电　阻	表针摆动情况	容量由大到小排序	负　极　标　号
1				
2				
3				
4				
5				

（3）电容器的检测。电容器的检测记录表如表 2-9 所示。根据测试的情况填写表 2-9。

表 2-9　电容器的检测记录表

电容器类别	万用表挡位	万用表是否调零	漏　电　阻	测量中遇到的问题	是　否　合　格
陶瓷电容器 0.1μF					
纸介电容器 1μF					
电解电容器 100μF					
电解电容器 1000μF					

三、电感器的识别与检测

1．任务目标

熟悉电感器的识别与质量检测。

2．所需器材

（1）工具：指针式或数字式万用表一个。

（2）器材：色环电感器、普通电感器若干。

3．完成内容

（1）电感器的识别记录表如表 2-10 所示。应用"信息收集"中电感器的识读知识判读各电感器的标称感量，把结果填入表 2-10 中。

表 2-10　电感器的识别记录表

编　号	外表标志内容	识　别　结　果		备　注
		标　称　感　量	允　许　误　差	
1				
2				
3				
4				
5				
6				
7				
8				
9				
10				

（2）电感器的检测。电感器的检测记录表如表 2-11 所示。根据测试的情况填写表 2-11。

表 2-11　电感器的检测记录表

编　号	电感器型号	电　感　量	直流阻值	是 否 合 格	备　注
1					
2					
3					

四、任务评价

任务检测与评估

检 测 内 容	分　值	评分标准	学 生 自 评	教 师 评 估
电阻器的识别与检测	25	识错一个扣 2 分；测错一个扣 3 分。扣分不得超过 25 分		
电容器的识别与检测	35	识错一个扣 2 分；比较容量大小错一处扣 2 分；判别电解电容器极性，错误一次扣 2 分；测错一个扣 3 分。扣分不得超过 35 分		
电感器的识别与检测	20	识错一个扣 2 分；测错一个扣 3 分。扣分不得超过 20 分		
安全操作	10	不按照规定操作，损坏仪器，扣 4～10 分。扣分不得超过 10 分		
现场管理	10	结束后没有整理现场，扣 4～10 分。扣分不得超过 10 分		
合计	100			

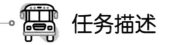

知识拓展

电阻器和电容器的选用

1．电阻器的选用

（1）选用电阻器的额定功率应高于其在电路工作中的实际功率的 0.5～1 倍。

（2）应考虑温度系数对电路工作的影响，同时根据电路特点来选择正、负温度系数的电阻器。

（3）电阻器的允许误差、非线性及噪声应符合电路要求。

（4）应考虑工作环境与可靠性、经济性。

2．电容器的选用

（1）额定电压。所选电容器的额定电压一般是电容器在电路中工作电压的 1.5～2 倍。

（2）标称容量和精度。大多数情况下，对电容器的容量要求并不严格，容量与标称容量相差一些是无关紧要的。但在振荡回路、滤波、延时电路及音调电路中，对电容器容量的要求则非常精确，电容器的容量及其误差应满足电路要求。

（3）使用场合。应根据电路的要求合理选用电容器。例如，云母电容器和瓷介电容器一般用在高频或高电压电路中。在特殊场合，还要考虑电容器的工作温度范围、温度系数等参数。

［任务二］ 半导体器件的识读与检测

任务描述

基于不同类型的二极管十个、NPN 和 PNP 型三极管各五个、指针式万用表一个，完成以下任务。

（1）识读二极管、三极管的种类和常见外形。

（2）按照二极管和三极管的编号顺序，根据外观特征和文字符号判断各引脚名称，并将结果填入相应表格中。

（3）用指针式万用表再次逐个检测各个管子的极性，若与上述判断不一致，请分析原因，重新判断或检测，并将最后结果填入相应表格中。

（4）依据检测结果，判断二极管、三极管的质量好坏。

二极管

信息收集

半导体器件是组成各种电子线路的基础，包括分立元器件和集成电路。分立元器件最为常见的是二极管、三极管等。

一、二极管的用途、分类及识读检测

1．二极管的用途

二极管的文字符号为VD，其主要特性是单向导电性，常用于检波、整流、开关、隔离、保护、限幅、稳压、发光、调制等电路。

2．二极管的分类

二极管种类繁多，按用途分为整流、检波、稳压、阻尼、开关、发光和光敏二极管等；按所用材料分为锗二极管、硅二极管和砷化镓二极管；按工作原理分为隧道二极管、变容二极管、稳压二极管等。

二极管的图形符号如图2-17所示。

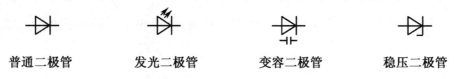

| 普通二极管 | 发光二极管 | 变容二极管 | 稳压二极管 |

图2-17 二极管的图形符号

3．二极管引脚极性的标记方法

二极管的外形通常有引脚极性的标记，常见的有以下几种。

（1）在二极管的负极有一条色环标记，如图2-18（a）所示。

（2）二极管外壳标有色点的一端表示二极管的正极，另一端则为二极管的负极。色点标注如图2-18（b）所示。

（3）通过二极管外壳上印有的图形符号，判断二极管的极性。图形符号标记如图2-18（c）所示。

（4）对于发光二极管，因其呈透明状，所以外壳内的电极清晰可见。其内部电极较宽大的为负极，较窄小的为正极。新的发光二极管往往是一个引脚长，一个引脚短。一般引脚长的一端为正极，引脚短的一端为负极。发光二极管的标记如图2-18（d）所示。

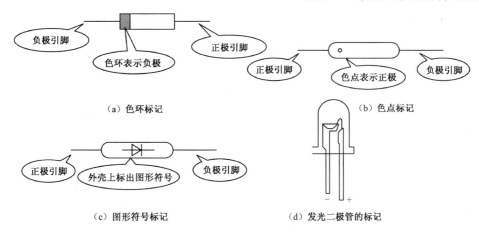

（a）色环标记　　　　　　　　　　（b）色点标记

（c）图形符号标记　　　　　　　（d）发光二极管的标记

图 2-18　二极管引脚示意图

4．二极管的检测

（1）指针式万用表挡位的选择。对于一般小功率管使用欧姆挡的 R×100，R×1k 挡，而不使用 R×1 和 R×10k 挡。这是因为万用表 R×1 挡内阻最小，通过二极管的正向电流较大，可能烧毁管子；万用表 R×10 挡电池的电压较高，加在二极管两端的反向电压也较高，易击穿管子。对于大功率管，可选欧姆挡的 R×1 挡。

（2）测量步骤。二极管的正向特性测试如图 2-19 所示。用万用表测量时，将黑表笔接二极管的正极，红表笔接二极管的负极，此时的阻值一般在 100～500Ω之间。当红、黑表笔对调后，阻值应在几百千欧以上。

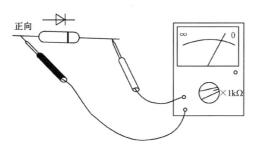

图 2-19　二极管的正向特性测试

如果不知道二极管的正、负极，也可用上述方法进行判断。用万用表的欧姆挡测量时，若显示阻值很小时，则该阻值为二极管的正向电阻，此时黑表笔所接触的电极为二极管的正极，另一端为负极；若显示阻值很大，则红表笔相连的一端为正极，另一端为负极。

二极管的反向特性测试如图 2-20 所示。

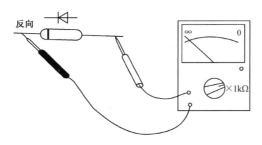

图 2-20　二极管的反向特性测试

（3）测试分析。若测得二极管正、反向电阻都很大，则说明其内部断路；若测得二极管正、反向电阻都很小，则说明其内部有短路故障；若两者差别不大，则说明此管失去了单向导电的功能。

二、三极管的用途、分类及识读检测

三极管

1．三极管的用途和分类

三极管的文字符号为 VT，其最主要的功能是电流放大和开关作用。

按 PN 结组合分为 NPN 型和 PNP 型；按材料分为锗晶体三极管和硅晶体三极管；按工作频率分为高频管和低频管；按功率分为大功率管、中功率管和小功率管。

三极管的图形符号如图 2-21 所示。

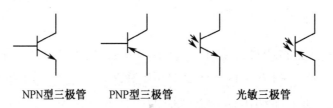

图 2-21　三极管的图形符号

2．三极管的引脚分布规律和识读

一般而言，三极管的引脚排列还是有规律的，可以通过外观特征直接分辨三极管的引脚名称。常用的几种三极管的引脚排列位置如表 2-12 所示。

表 2-12　常用的几种三极管的引脚排列位置

封装形式	外　形	引脚排列	说　明
引脚呈等腰三角形排列（金属外壳）	红点	e b c	只有一个色点（红色）标记，则等腰三角形顶点是基极，有红色点的一边是集电极，另一边是发射极
	标志	e b c	有管帽标志的等腰三角形顶点是基极，管帽边沿凸出的一边为发射极，另一边为集电极
	绿 红 白	e c b	壳体上有绿、红、白三色点标记，则与红色标记相对应的为集电极，与白点相对应的为基极，与绿点相对应的为发射极
	2G 211 c b d e	b c e d	有四个引脚的，d 端与外壳相连，可用万用表测得，其在电路中接地，起屏蔽作用，如电视机的高放管。查出 d 端后，引脚排列如同前面有管帽标记的类型

续表

封装形式	外　形	引脚排列	说　明
引脚呈直线排列（塑封外壳）		e b c	若引脚排列成一条直线且距离相等，则靠近外壳红点的为发射极，中间为基极，剩下的是集电极
		c b e	若引脚排列成直线但距离不相等，则距离较近的两脚之中，靠近外壳的那一脚为发射极，中间的为基极，剩下的是集电极
	平面 e b c	e b c	可把平面朝向自己，引脚朝下，从左至右依次为发射极、基极、集电极
金属外壳大功率管	3AD5 c b e	孔 b e c	管底朝向自己，中心线上方左侧为基极，右侧为发射极，金属外壳为集电极

💡 **注意事项**

　　有些三极管的引脚排列位置因其品种、型号及功能等不同而异，特别是塑封管的引脚排列有很多形式，使用者很难一一记清。若使用者在使用时不知其引脚排列，则应查阅产品手册或相关资料，不可凭想象推测，否则极易出错。

3．用万用表检测中、小功率三极管

　　如果不知道三极管的型号及管子的引脚排列，可按以下方法进行检测判断。

1）判定基极

　　判定三极管基极的检测示意图如图 2-22 所示。万用表采用 R×1k 挡。先用黑表笔接某一引脚，红表笔分别接另外两引脚，测得两个电阻。再将黑表笔换接另一引脚，重复以上步骤，直至测得的两个电阻都很小，这时黑表笔所接的是基极 b，此三极管为 NPN 型。若黑、红表笔对换，测得两个电阻都很小，即红表笔接的是基极 b，且三极管为 PNP 型。

2）判定集电极和发射极

　　NPN 型三极管的集电极、发射极检测示意图如图 2-23 所示。

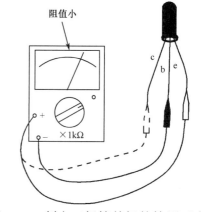

图 2-22　判定三极管基极的检测示意图

按图 2-23（a）所示分别假设另两个引脚为 e、c 或 c、e，并在假设的集电极与已知的基极之间添加一个电阻器，黑表笔接触假设的集电极，红表笔接触假设的发射极，哪一次指针向右摆动大，则哪一次假设正确。在实际工作中，人们往往用食指和中指把黑表笔和假设的集电极捏在一起，用手指代替基极与假设的集电极之间的电阻器，如图 2-23（b）所示。

对于 PNP 型三极管，把黑、红表笔互换后再按上述方法进行检测即可。

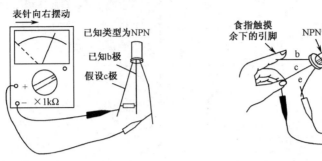

（a）基极与假设的集电极之间连接电阻器　　（b）用手指代替基极与假设的集电极之间的电阻器

图 2-23　NPN 型三极管的集电极、发射极检测示意图

4．大功率晶体三极管的检测

利用万用表检测中、小功率三极管的极性、管型及性能的方法对大功率晶体三极管基本适用，因为其金属外壳为已知（集电极），所以其判别方法较为简单。需要指出的是，由于大功率晶体三极管的体积大，极间电阻相对较小。所以若像检测小功率三极管极间的正向电阻那样，使用万用表的 R×1k 挡，必然使得指针趋向于零，这种情况与极间短路一样，会使检测者难以判断。为了防止误判，在检测大功率晶体三极管 PN 结的正向电阻时，应使用 R×1 挡，同时，测量前万用表应调零。

5．三极管的质量检测

正常情况下，三极管的 be 结、bc 结的正向阻值小，反向阻值大。若测得正、反向阻值为无穷大，则说明管子内部已断路；若测得正、反向阻值为零，则说明管子内部已短路，管子已损坏。

阅读与思考

专　注

古代有一位国君，曾经向国内当时排名第一的驾车高手学习怎样驾驶马车，高手自然倾囊相授。没过多久，两人一起比赛驾车。国君先后换了三次马，结果还是败给了高手。他很不高兴地说："先生，您还没有把真本事教我吧？"

高手答道："不，我的驾车技巧已经全部告诉您了，只是您不懂得如何正确地使用技巧。驾驭马车最重要的是应该让骏马与车辆的步调一致，赶车人的注意力应该与马的步调一致，这样才能让拉车的马跑得又快又远。当您落后时总想着追上我；您领先时又害怕被我追上。比赛无非就是领先和落后两种情况，您无论在前还是在后，注意力都放在我身上，而没放在马身上，这样又怎能与马匹保持协调一致呢？这就是您三次都败给我的原因。"

根据以上信息，认真思考以下问题：

（1）从这段话来看，国君主要输在心态上。他在比赛中想赢怕输，心思都分散在对手身上。如此一来，他对马的驾驭就不够协调，影响了车速。高手则不然，一心专注在维持人、马、车之间的协调，从而让马车行驶得更快。他领先的时候，眼里只有终点线，哪怕暂时落后，也能顺利加速反超。结合你的学习生涯，谈谈你取得好成绩时的专注案例。

（2）对于二极管、三极管的检测及引脚的判定应该重点专注哪些内容？

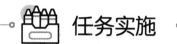

任务实施

二极管和三极管的识别与检测

1. 任务目标

（1）检测二极管、三极管性能的好坏。

（2）用万用表判别三极管的电极。

2. 训练器材

（1）工具：指针式万用表一个。

（2）器材：不同类型的二极管十个、NPN 和 PNP 型三极管各五个。

3. 完成内容

（1）二极管、三极管的检测记录表如表 2-13 所示。根据其外观，说出二极管、三极管的类型，按照其编号顺序，逐个根据外观特征和文字符号判断各引脚名称，将结果填入表 2-13 中。

（2）用指针式万用表再次逐个检测各个管子的极性，若与上述判断不一致，请分析原因，重新判断或检测，并将最后结果填入表 2-13 中。

（3）依据检测结果，判断二极管、三极管的质量好坏。

表 2-13　二极管、三极管的检测记录表

编号	类型	引脚排列		质量判断	备注	编号	类型	引脚排列		质量判断	备注
		由标识判断	检测结果					由标识判断	检测结果		
1						11					
2						12					
3						13					
4						14					
5						15					
6						16					
7						17					
8						18					
9						19					
10						20					

4.任务评价

任务检测与评估

检 测 内 容	分 值	评 分 标 准	学 生 自 评	教 师 评 估
二极管正、反向电阻测试，万用表挡位的选择，极性和质量判断	30	每个二极管正、反向电阻测试不正确扣 2 分；每次万用表挡位选择不正确扣 1 分；极性判断不正确扣 3 分；质量判断不正确扣 2 分。扣分不得超过 30 分		
三极管引脚判断、万用表挡位的选择及各极间电阻测量、质量判断	50	引脚判断错误一次扣 3 分；每次万用表挡位选择不正确扣 1 分；质量判断不正确每只扣 3 分。扣分不得超过 50 分		
安全操作	10	不按照规定操作，损坏仪器，扣 4～10 分。扣分不得超过 10 分		
现场管理	10	结束后没有整理现场，扣 4～10 分。扣分不得超过 10 分		
合计	100			

知识拓展

集成电路

集成电路（Integrated Circuit，IC）是在电子管、晶体管的基础上发展起来的一种新型电子元器件。集成电路是在一块微小半导体基料上，制作出许多极其微小的电阻器、电容器及晶体管等电子元器件，并将它们相互连接起来，从而形成的一个完整的电路。它从外观上看已经分不出各种元器件和连线的界线，从设计、制造、检测到使用均作为一个整体来处理，代替了传统的分立元器件。

集成电路的引脚排列顺序是使用时必须注意的问题，一旦顺序出错，轻则返工，重则损坏集成电路。常用集成电路的外壳封装和引脚排列方法如下。

1. 圆形金属外壳封装

圆形金属外壳封装的引脚排序如图 2-24 所示。其排序方法为：将引脚朝下，从管键开始，逆时针排序；若引脚朝上，则为顺时针排序。

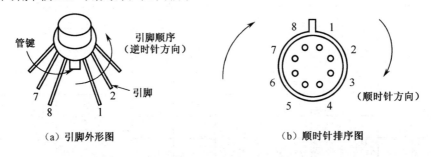

图 2-24　圆形金属外壳封装的引脚排序

2．双列直插式封装

集成电路引脚朝下，以缺口或色点等标记为参考点，其引脚编号按逆时针方向排序。双列直插式封装的引脚排序如图 2-25 所示。

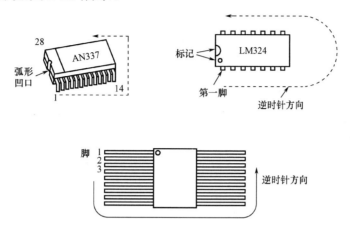

图 2-25　双列直插式封装的引脚排序

3．单列直插式封装

单列直插式封装的形式很多，其引脚排序如图 2-26 所示。识别其引脚时应使引脚向下，面对型号或定位标记，自定位标记一侧的头一只引脚开始数起，依次为 1、2、3……脚。这一类集成电路上常用的定位标记为色点、凹坑、色带、缺角、线条等。

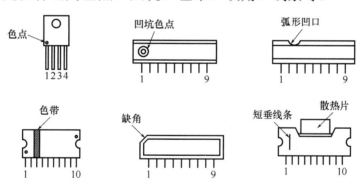

图 2-26　单列直插式封装的引脚排序

任务三　贴片元器件的识读与检测

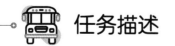 任务描述

基于各种类型的贴片电阻器、电容器、电感器、二极管、三极管若干，万用表 1 个，完成以下任务。

（1）从各种类型的贴片电阻器、电容器、电感器、二极管、三极管中找出 6 个贴片电阻器、电容器、电感器、二极管、三极管；判断贴片电容器、二极管、三极管的引脚。

（2）用万用表测量贴片电阻器的阻值和二极管的正反向阻值。

（3）检测贴片电感器、三极管的质量。

以上识读和检测的结果填写在相应的表格内。

信息收集

贴片元器件又称片状元器件，是无引脚或短引脚的新型微小型元器件，应用于表面安装技术（SMT）。目前，贴片元器件在电子产品中被广泛使用，因此识读和检测贴片元器件十分必要。

一、贴片元器件的种类

贴片元器件的种类

贴片元器件的种类如表 2-14 所示。

表 2-14　贴片元器件的种类

名　　称	外 形 图	说　　明
贴片电阻器	3.2mm 1.6mm 100 0.6mm / 2.0mm φ1.2mm	其阻值一般直接标记在电阻器的其中一面，黑底白字。通常用三位数表示，前两位数字表示阻值的有效数，第三位表示有效数字后 0 的个数。例如，100 表示 10Ω，102 表示 1kΩ。当阻值小于 10Ω 时，以×R×表示（×代表数字），即将 R 看成小数点，如 8R1 表示 8.1Ω。起跨接作用的 0Ω 贴片电阻器，无数字和色环标记，一般用红色或绿色表示，以示区别，其额定电流为 2A，最大浪涌冲击电流为 10A
贴片电位器	电阻膜 4mm 4.5mm	体积小，一般为 4mm×5mm×2.5mm； 质量轻，仅为 0.1～0.2g； 阻值范围大，为 10Ω～2MΩ； 高频特性好，使用频率可超过 100MHz； 额定功率一般有 1/20W、1/10W、1/8W、1/5W、1/4W 和 1/2W 6 种； 最大电刷电流为 100mA
矩形贴片电容器	3.2mm 1.6mm 0.8mm	矩形贴片电容器的容量标法与贴片电阻器相同，其容量范围为 1～4 700pF，耐压从 25～2000V 不等。 矩形贴片电容器都没有印刷标志，贴装时无朝向性，购买或维修时应特别注意
陶瓷微调贴片电容器	无极性	其容量范围为 1～15pF，常用于电子钟表调节定时的快慢
贴片电解电容器	6.0mm 107 10V 4.0mm 2.4mm	贴片电解电容器标志涂印在元器件上，有横标端为正极。 107：表示 $10×10^7$pF=100μF 10V：表示耐压值

名　　　称	外　形　图	说　　　明
贴片模压电感器	（电极、电极、电极、薄片型印刷螺旋电感、磁屏蔽层、绝热层）	电感器内部采用薄片型印刷式导线，呈螺旋状，根据需要可将其叠在一起，其外部采用铁氧体磁屏蔽层，以防磁场外泄 **贴片模压电感器规格** 名　称 / 电感量 / Q值 / 电流 3216（32×16）/ 0.05～33μH / 30～50 / 50mA 3225（32×25）/ 1.5～330μH / 50 / 50mA
贴片线圈电感器	（电极、磁芯、线圈）	电感器内部采用高导磁性铁氧体磁芯，以提高电感量。其电感量范围为 0.1～1000μH，Q 值为 50～100；由于线圈的导线极细，所以在使用中应知道电流的大小，以免损坏线圈
贴片电感器		其内部结构类似于收音机中的中频变压器，在圆 I 字形铁氧体磁芯上绕上线圈，上面有可调的磁帽，调节磁帽就可以调节电感量的大小 贴片电感器的电感值范围为 1～5.6μH；Q 值为 40～130
贴片二极管		矩形贴片二极管有 3 条 0.65mm 的短引脚。根据管内所含二极管的数量及连接方式，有单管、对管之分；对管中又分共阳、共阴和串接等方式。 贴片二极管的检测与普通二极管相同，使用万用表测试时，测正、反向电阻宜选择 R×1k 挡
贴片三极管		有普通管、超高频管、高反压管及达林顿管等多种类型
贴片小型集成电路		注意利用标记来确认引脚的排列方法

二、贴片元器件的极性识别

　　贴片二极管、三极管、电解电容器、集成电路均为有极性元器件，焊接之前需要先识别引脚极性。

1．贴片二极管

为了让人们更好地区分贴片二极管正、负极，在其表面都做了一定的标记，如有缺口、横杠、白色双杠、彩色线等。有这样标记的一端都为负极。也有的在贴片二极管正面用正三角形符号做记号，正三角形箭头所指的方向为负极。对于玻璃管贴片二极管，红色一端为正极，黑色一端为负极。

2．贴片三极管

贴片三极管的引脚位一般是固定的，不像插件有 bce 和 ebc 之分，贴片的全部是 bce，其三角形尖向上，最左边的为 b 极，上边为 c 极，右边为 e 极。

3．贴片电解电容器

贴片钽电解电容器标有横杠的一端为正极；贴片圆形铝电解电容器标有横杠的一端为负极。

4．贴片集成电路

贴片集成电路一般在其表面的一个角标注一个向下凹陷的小圆点，或在一端标注小缺口表示起点，其引脚排列顺序为逆时针方向。

三、贴片元器件的测量

贴片元器件的测量与传统元器件的测量基本一致，需要说明的是大多贴片电容器由于电容量太小，所以用万用表测不出来，应用电容测试仪进行测量。

四、使用贴片元器件的注意事项

（1）要根据系统和电路的要求选择贴片元器件，并综合考虑供应商所能提供的规格、性能和价格等因素。例如，钽和铝电解电容器主要用于电容量大的场合，散装贴片元器件用于手工贴装场合，盒式包装的适合夹具式贴片机使用，编带包装的适合全自动贴片机使用。

（2）从厂家购买的贴片元器件库存时间一般不超过两年；对具有防潮要求的贴片元器件，打开封装后应一周内使用完毕。

（3）操作人员拿取有极性的贴片元器件时应戴好防静电腕带；在运输、分料、检验、手工贴装等操作时尽量使用吸笔拿取；使用镊子时要注意不要碰伤贴片元器件的引脚，以防引脚翘曲变形。

阅读与思考

把碎片化时间管理到位

鲁迅先生说："时间，天天得到的都是二十四小时，可是一天的时间给勤勉的人带来聪明和气力，给懒散的人只留下一片悔恨。"他的另一句格言是"节省时间，也就是使一个人有限的生命更加有效，也即等于延长了人的生命"。

时间的碎片化是当代社会共有的问题。你缺乏整块的时间，别人也同样要面对零碎的时间。时间的有限性在很大程度上是因为人事纷杂。我们把太多精力分散在不重要也不必要的事情上，加剧了时间的碎片化。而时间碎片化的趋势又使得我们在潜意识里想把重要的事情放在整块时间里做。由于整块时间少，碎片时间多，所以你忙于用琐事来消磨时光，抽不出精力与热情去专注做重要的事。

如今快节奏的互联网时代，一方面让时间趋于碎片化，另一方面也让时间的重要性在不断升值，人的注意力已经成了稀缺资源。想要提高专注度，光靠减少其他活动是不够的，最根本的办法还是加强对时间的规划，提高时间的利用率。首先，我们必须在整块时间中尽可能保持专注；其次，我们可以在碎片时间中处理那些琐碎的小事；再次，对自己做不同事情的基本用时做个统计；最后，制订最佳的时间规划方案，在每个专用时间段只做对应的事。

总之，我们在很多时候并不像看上去那么忙，也并非完全抽不出时间。我们只是不善于高效利用时间，也没养成专注做事的习惯罢了。

根据以上信息，认真思考以下问题：

（1）在你的生活中如何规划利用碎片化时间？

（2）贴片元器件是把碎片化的空间整理在一起，压缩了体积，给人们携带、使用电子产品等都带来了便利。这是不是与此故事有异曲同工之处？谈谈你的理解。

任务实施

贴片元器件的识别与检测

1. 任务目标

（1）识别贴片元器件的种类。

（2）对贴片元器件进行简单的检测。

贴片元器件的加工

2. 所需器材

（1）工具：指针式或数字式万用表 1 个。

（2）器材：各种类型的贴片电阻器、电容器、电感器、二极管、三极管若干。

3. 完成内容

1）贴片电阻器的识别与测量

贴片电阻器的识别与测量记录表如表 2-15 所示。在贴片元器件中找出 6 个电阻器元器件，并按要求填写表 2-15。

表2-15　贴片电阻器的识别与测量记录表

电阻器编号	形状	颜色	标称阻值	实测阻值	电阻器编号	形状	颜色	标称阻值	实测阻值
1					4				
2					5				
3					6				

2）贴片电容器的识别与测量

贴片电容器的识别与测量记录表如表2-16所示。在贴片元器件中找出6个电容器元器件，并按要求填写表2-16。

表2-16　贴片电容器的识别与测量记录表

电容器编号	形状	颜色	极性	容量	电容器编号	形状	颜色	极性	容量
1					4				
2					5				
3					6				

3）贴片电感器的识别与测量

贴片电感器的识别与测量记录表如表2-17所示。在贴片元器件中找出6个电感器元器件，并按要求填写表2-17。

表2-17　贴片电感器的识别与测量记录表

电感器编号	形状	颜色	标称值	检测质量	电感器编号	形状	颜色	标称值	检测质量
1					4				
2					5				
3					6				

4）贴片二极管的识别与测量

贴片二极管的识别与测量记录表如表2-18所示。在贴片元器件中找出6个二极管元器件，并按要求填写表2-18。

表2-18　贴片二极管的识别与测量记录表

二极管编号	形状	颜色	正负极	正向电阻	反向电阻	二极管编号	形状	颜色	正负极	正向电阻	反向电阻
1						4					
2						5					
3						6					

5）贴片三极管的识别与测量

贴片三极管的识别与测量记录表如表2-19所示。在贴片元器件中找出6个三极管元器件，并按要求填写表2-19。

表 2-19 贴片三极管的识别与测量记录表

三极管编号	形状	颜色	极性	检测质量	三极管编号	形状	颜色	极性	检测质量
1					4				
2					5				
3					6				

4.任务评价

任务检测与评估

检 测 内 容	分 值	评 分 标 准	学 生 自 评	教 师 评 估
贴片电阻器的识别与测量	15	挑选错误一个扣 2 分;标称阻值读错一个扣 1 分;实测值错误一个扣 1 分。扣分不得超过 15 分		
贴片电容器的识别与测量	15	挑选错误一个扣 2 分;极性判断错一个扣 1 分;容量读(测)错一个扣 1 分。扣分不得超过 15 分		
贴片电感器的识别与测量	15	挑选错误一个扣 2 分;标称值读错一个扣 1 分;检测质量错误一个扣 1 分。扣分不得超过 15 分		
贴片二极管的识别与测量	15	挑选错误一个扣 2 分;极性判断错一个扣 1 分;检测质量错误一个扣 1 分。扣分不得超过 15 分		
贴片三极管的识别与测量	20	挑选错误一个扣 2 分;极性判断错一个扣 1 分;检测质量错误一个扣 1 分。扣分不得超过 20 分		
安全操作	10	不按照规定操作,损坏仪器,扣 4～10 分。扣分不得超过 10 分		
现场管理	10	结束后没有整理现场,扣 4～10 分。扣分不得超过 10 分		
合计	100			

常用电子材料的识别与加工

电子整机产品装配不仅需要使用电子元器件，还要用到各种电子材料。掌握常用电子材料的加工方法和工艺，了解各种电子材料的分类、特点和性能参数，对正确加工和合理使用常用电子材料，改善电子整机产品性能至关重要。本项目主要介绍电子整机生产中常用的导线、绝缘材料、紧固件、小五金杂片及一些辅助材料的加工方法和使用技能。

任务一 导线的加工与应用

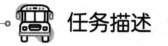 任务描述

基于适量的多股普通绝缘导线、屏蔽电缆线，剥线钳、剪刀、电工刀、烙铁、松香、焊锡、镊子等，绑扎线绳、焊片、竹竿（筷子）等，按照导线加工的工艺要求，完成以下任务。

（1）绝缘导线的端头加工。

（2）屏蔽电缆线的端头加工。

（3）练习起始线扣、中间线扣和终端线扣的系法，完成线扎的加工。

 信息收集

导线是电子产品中必不可少的线材，大多数电气连接都是由各种规格的导线来实现的。有些电子整机产品的质量问题，往往是由于导线线头加工不良而引起的。

一、导线的分类

导线是能够导电的金属线，是电能的传输载体，大多数由铜、铝等高导金属制成圆形截面，少数按照特殊要求制成矩形或其他形状的截面。电子产品中使用的几乎都是铜线。

电子产品中常用的导线有以下几种。

1．裸线

裸线是指没有绝缘层的单股或多股铜线，大部分作为电线电缆的导电线芯使用，少部分则直接使用。

2．电磁线

电磁线是指有绝缘层的铜线，其绝缘方式有在铜线表面涂漆或外缠纱、丝等，主要用于绕制电机、变压器、电感线圈等的绕组，因此也称为绕组线。

3．绝缘线

绝缘线是指在裸线表面裹以不同种类的绝缘材料，主要用于电子产品的电气连接。它根据用途和导线结构分为固定敷设电线、绝缘软电线和屏蔽线。

4．排线

排线也称扁平电缆，一般用于数字电路中。安装有接插头的排线如图 3-1 所示。

图 3-1　安装有接插头的排线

排线与插头和插座的尺寸、导线根数一一对应，并且不用焊接就能实现可靠的连接，也不容易产生导线错位。目前使用较多的排线为单根导线内是 0.1×7 的线芯，即导线截面积为 0.1 平方毫米，共 7 根导线。导线根数还有 8、12、16、20、24、28、32、37、40 线等规格。排线外皮一般都为聚氯乙烯。

5．电线电缆

电线电缆主要由芯线、绝缘层、屏蔽层、护套等部分组成，其结构示意图如图 3-2 所示。

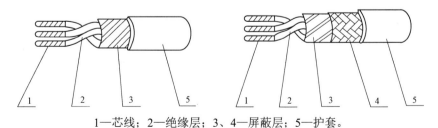

1—芯线；2—绝缘层；3、4—屏蔽层；5—护套。

图 3-2　电线电缆的结构示意图

（1）芯线。芯线又称导体。在电子设备中，其材料为铜丝或铜绞丝。

（2）绝缘层。绝缘层用于隔离相邻芯线或防止芯线之间发生接触，要求有良好的绝缘性能和适当的机械物理性能。

（3）屏蔽层。屏蔽层用于抑制电路内外电场的干扰。屏蔽层一般用金属带丝包裹或用细金属绕制而成，也有采用多层复合屏蔽、镀膜屏蔽和管状导体的。

（4）护套。护套是包裹在电线电缆和屏蔽外表面的保护层，起防潮和机械保护作用。其常用的材料有聚氯乙烯管（带）、尼龙编织套等。

二、常用导线的命名方法和用途

（1）常用导线的命名方法如表 3-1 所示。射频电缆的命名方法如表 3-2 所示。

表 3-1　常用导线的命名方法

分　类		绝　缘		护　套		派　生	
符号	意义	符号	意义	符号	意义	符号	意义
A	安全线缆	V	聚氯乙烯	V	聚氯乙烯	P	屏蔽
B	布电线	F	氟塑料	H	橡套	R	软
F	飞机用低压线	Y	聚乙烯	B	编织套	S	双绞
R	日用电器用软线	X	橡皮	L	腊克	B	平行
Y	一般工业移动电器用线	ST	天然丝	N	尼龙套	D	带型
		B	聚丙烯				
T	天线	SE	双丝包	SK	尼龙丝	T	特种

表 3-2　射频电缆的命名方法

分　类		绝　缘		护　套		派　生	
符号	意义	符号	意义	符号	意义	符号	意义
S	射频同轴电缆	Y	聚乙烯实芯	V	聚氯乙烯	P	屏蔽
SE	射频对称电缆	YF	发泡聚乙烯半空气	F	氟塑料	Z	综合式
ST	特种射频电缆	YK	纵孔聚乙烯半空气	B	玻璃丝编织浸有硅漆		
SJ	强力射频电缆	X	橡皮			D	镀铜屏蔽层
SG	高压射频电缆	D	聚乙烯空气	H	橡套		
SZ	延迟射频电缆	F	氟塑料实芯	VZ	阻燃聚氯乙烯		
SS	电视电缆	U	氟塑料空气	Y	聚乙烯		

（2）常用导线的用途如表 3-3～表 3-6 所示。

表 3-3　常用裸线的用途

分　类	名　称	型　号	主　要　用　途
裸单线	圆铝线（硬、半硬、软）	LY，LYB，LR	用于电线电缆及电气设备制品（电机、变压器等），硬圆铜线可用于电力及通用架空线路
	圆铜线（硬、软）	TY，TR	
	镀锡软圆铜单线	TRX	

续表

分 类	名　称	型　号	主 要 用 途
裸绞线	铝绞线	LT	用于高、低压输出线路
	铜芯铝绞线	LGJ，LGJQ，LGJJ	
软接线	铜电刷线（裸、软裸）	TS，TSR	用于电机、电器线路连接电刷
	纤维编软电刷线（铜、软铜）	TSX，TSXR	
	裸铜软绞线	TRJ，TRJ-124	用于移动电器、连接线
型线	扁铜线（硬、软）	TBY，TBR	用于电机、电器、安装配电设备及其他电工方面
	铜带（硬、软）	TDY，TDR	
	铜母线（硬、软）	TMY，TMR	
	铝母线（硬、软）	LMY，LMB	
	空心导线（铜，铝）	TBRK，LBRK	用于水内冷电机、变压器，作为绕组线圈的芯线

表 3-4　常用电磁线的用途

分 类	名　称	型　号	主 要 用 途
漆包线	油性漆包线	Q	中高频线圈及仪表、电器的线圈
	缩醛漆包铜线（圆、扁）	QQ—1～3，QQB	普通中小电机绕组、油浸变压器线圈、电器仪表用线圈
	聚氨酯漆包圆铜线	QA—1～2	要求 Q 值稳定的高频线圈、电视用线圈和仪表用微细线圈
	聚酯漆包扁铜线	QZ—1～2	中小型电器和仪表用线圈
	改性聚酯亚胺漆包圆、扁铜线	QZY—1～2，QZYHB	高温电机、制冷电机绕组，干式变压器线圈、仪表用线圈
	耐冷冻漆包圆铜线	QF	空调设备和制冷设备电机的绕组
绕包线	纸包铜线（圆、扁）	Z，ZB	油浸变压器线圈
	双玻璃丝包铜线（圆、扁）	SBEC，SBECB	中、大型电机的绕组
	聚酰胺薄膜绕包线	Y，YB	高温电机和特种场合用电机的绕组
特种电磁线	换位导线	QQLBH	大型变压器线圈
	聚乙烯绝缘尼龙护套湿式潜水电机绕组线	QYN，SYN	潜水电机的绕组

表 3-5　常用通信电缆的用途

名　称	型　号	主 要 用 途
橡皮广播电缆	SBPH	用于无线广播、录音和留声机设备，固定安装或移动式电气设备的连接。使用温度：－50～+50℃
橡皮软电缆	YHR	
橡皮安装电缆	SBH，SBHP	
聚氯乙烯绝缘同轴射频电缆	SYV	用作固定式无线电装置。使用温度：－40～+60℃
空气-聚乙烯绝缘同轴射频电缆	SIV—7	
耐高温射频电缆	SFB	用作耐高温的无线电设备连接线，可传输高频信号。使用温度：－55～+250℃
铠装强力射频电缆	SJYYP	适用作传输高频电能。使用温度：－40～+60℃
双芯高频电缆	SBVD	适用作电视接收天线引线（馈线）。使用温度：－40～+60℃
聚氯乙烯安装电缆	AVV	适用于野外线路及仪表的固定安装。使用温度：－40～+60℃

表3-6　常用绝缘电线电缆的用途

分　类	名　称	型　号	主　要　用　途
固定敷设电线	橡皮绝缘电线	BXW，BLXW，BXY，BLXY	适用于交流500V以下的电气设备和照明装置的固定敷设。长期工作温度不超过65℃
	聚氯乙烯绝缘电线	BV，BLV，BVR，BLVV，BV—105	适用于交流电压450/750V及以下的动力装置的固定敷设
绝缘软电线	聚氯乙烯绝缘软电线	RV，RVB（平行连接软线），RVS（双绞线），RWB，RV—105	适用于交流额定电压450/750V及以下的家用电器、小型电动工具、仪器仪表及动力照明等装置。长期工作温度低于50℃，RV—105低于105℃
	橡皮绝缘编织软电线	RXS，RX，RXH	适用于交流额定电压300V及以下的室内照明灯具、家用电器和工具等。长期工作温度不超过65℃
	橡皮绝缘平软型电线	RXB	适用于各种移动式的额定电压250V及以下的电气设备、无线电设备及照明灯具等。长期工作温度不超过60℃
户外用聚氯乙烯绝缘电线	铜芯聚氯乙烯电线	BVW	适用于交流额定电压450/750V以下的户外架空固定敷设电线。长期允许工作温度为−20～+70℃
	铅芯聚氯乙烯绝缘电线	BLVW	
铜芯聚氯乙烯绝缘安装电线	聚氯乙烯绝缘安装电线	AV	适用于交流电压250V以下或直流电压500V以下的弱电流仪表或电信设备电路的连接，使用温度为−60～+70℃
	聚氯乙烯绝缘软电线	AVR	
	聚氯乙烯屏蔽绝缘安装软线	AVRP	
	纤维聚氯乙烯绝缘安装线	ASTV，ASTVR，ASTVRP	适用于电气设备、仪表内部及仪表之间的固定安装用线。使用温度为−40～+60℃
专用绝缘电线	绝缘低压电线	QVR，QFR	适用于汽车、拖拉机中电器、仪表连接及低压电线
	绝缘高压电线	QGV，QGXV，QGVY	适用于汽车、拖拉机等发动机、高压点火器的连接线
	航空导线与特殊安装线	FVL，FVLP，FVN，FVNP	适用于飞机上的低压线的安装
电力电缆	油浸纸绝缘电缆	ZLL，ZL，ZLQ，ZLLF，ZLQQ，ZLDF，ZLCY	1～35kV级，用于在电网中传输电能
	塑料绝缘电缆	VLV，VV，YLV	110kV级，防腐性能好
		YJLV	6～220kV级
	橡皮绝缘电缆		0.5～35kV级，用作发电厂、变电站等的连接线
	气体绝缘电缆 新型电缆（低湿超导）		适用于220～500kV级电网中

三、绝缘导线的加工

1．选材

根据工艺文件的要求，选取型号、尺寸、颜色等完全符合条件的导线，并进行标号。

2．剪裁

导线的剪裁加工应遵循先长后短的顺序，即先剪长导线，后剪短导线，这样可以节约线材。手工剪裁导线时要拉直后再剪，一般应用剪刀、钢丝钳、斜口钳等钳口工具按照工艺文件的导线加工表的要求进行剪裁。大批量生产用导线应用自动剪切机剪裁。

3．剥头

剥头是将导线的两端去掉一段绝缘层面而露出芯线的过程。其目的是使导线首、尾端能够上锡，以便同接点连接，并使接点处具有良好的导电性能。剥头时不应该损坏芯线（断股）。剥头长度应符合工艺文件对导线的加工要求，其常见尺寸有 2mm、5mm、8mm、10mm 等，实际尺寸视具体工艺要求而定。

1）剥头的一般原则

（1）导线和电缆外表有多层绝缘和护套。剥线时应由外向内剥去。剥线的长度也应按照最外层剥去长度最长，内层要短一些的层次进行，最内层的长度最短。导线的剥头过程如图 3-3 所示。

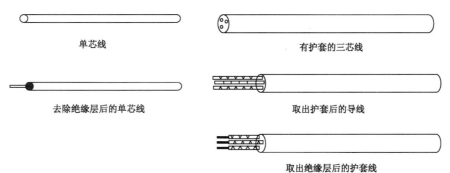

图 3-3　导线的剥头过程

（2）使用和调节所有剥头工具时，要注意不使刀具刃口切割到导线芯线。

（3）剥头时不要损伤芯线表面的镀层，以保持可焊性和连接的可靠性。

2）剥头方法

常用的剥头方法有刃剪法和热剪法两种。

（1）刃剪法。常用的工具有自动剥线钳、剪刀和钢丝钳等。使用剥线钳比较方便，其具体操作步骤如下。

① 左手握着待剥导线，右手握着钳柄。

② 按照规定长度把导线插入钳内相应的刃口内。

③ 右手用力压紧剥线钳，刀刃切入绝缘层。

④ 右手松开剥线钳，夹爪夹着导线，绝缘层脱离。

⑤ 拉出剥下的绝缘层。

注意事项

使用剥线钳时要选择好对应的钳口，钳口过大剥不下线皮，而钳口过小会伤到线；用力要均匀，过大容易损坏钳子。

使用剪刀、钢丝钳剥导线头时，应根据线头所需长度用刀口轻切绝缘层，并在切口处多次弯曲导线，靠弯曲时的张力撕破残余的绝缘层。

对于规格较大的导线，也可以用电工刀剖削绝缘层，其具体方法如图 3-4 所示。

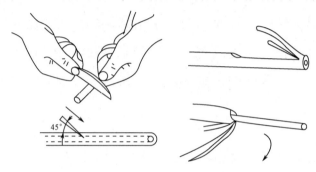

图 3-4　用电工刀剖削绝缘层的具体方法

从图中可以看到，在导线规定的长度处，首先用刀口以 45° 倾斜角切入导线绝缘层。然后使刀面与线芯保持 15° 左右的角度，再用力向外削出一条缺口，将绝缘层剥离线芯。最后将导线反方向扳转，用电工刀将导线切口的绝缘层切齐即可。

（2）热剪法。利用通电热阻丝（如电烙铁的热量）加热导线，待四周绝缘层熔断后即可剥去绝缘层。该方法操作简单，不损伤芯线。但由于绝缘材料会产生有毒气体，所以应在通风条件下操作。

此外，对于漆包线可用一张折叠的细砂纸包在规定的剥线长度处，轻轻地打磨漆膜，重复几次，直到漆膜完全除去为止。

4．捻头

捻头是针对多股导线而言的，这是因为剥去绝缘层后多股导线的芯线容易松开，如不经处理就上锡加工，线头直径会变大，影响装接使用。捻头时，应按芯线原来的合股方向扭紧。捻头的角度一般为 30°～45°。多股芯线的捻头角度如图 3-5 所示。

图 3-5　多股芯线的捻头角度

5．清洁

普通导线的端头在浸锡前应进行清洁处理，以便去除芯线表面的氧化层。对较粗的单股芯线可采用刮、砂的方法，对较细的多股芯线应采用化学方法处理。

6．浸锡

导线经过剥头、捻头和清洁工序后，应及时浸锡，以防氧化。浸锡后线芯表面光洁、均匀，不允许有毛刺；绝缘层不能起泡、烫焦或破裂等。

四、屏蔽电缆线的加工

屏蔽电缆线是指单股或多股绝缘导线外层套上一层由铜或铝制作的金属屏蔽层后的导线，它可以抑制外界环境的电磁场干扰。在电子产品整机装配中，常用屏蔽电缆线连接单元电路间的信号。

1．屏蔽电缆线的抽头工艺

屏蔽电缆线的加工除包含一般导线的加工工艺外，还需要将金属屏蔽层与线芯分开，俗称屏蔽层的抽头。

抽头时应先剥离金属屏蔽层。注意剥离的长度不宜过长，否则会影响屏蔽效果。剥离的长度应根据工作电压而定，如 600V 以下电压时的抽头长度取 10～20mm。工作电压越高，抽头长度越长。抽头的具体操作工艺如下。

（1）将金属屏蔽层的铜网放松，用划针在铜网适当距离处挑出一个小孔，并用镊子把小孔扩大。挑孔并放大如图 3-6（a）所示。

（2）弯曲金属屏蔽层，从孔中取出芯线，如图 3-6（b）所示。

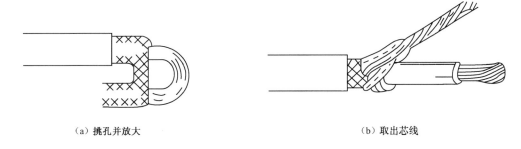

（a）挑孔并放大　　　　　　　　　　　　（b）取出芯线

图 3-6　屏蔽电缆线的抽头示意图

2．屏蔽电缆线的端头加工

屏蔽电缆线的端头加工方法分为不接地线端头加工和接地线端头加工两种。

（1）屏蔽电缆线不接地线端头加工如图 3-7 所示。其中，按照工艺要求截取一段屏蔽电缆线，如图 3-7（a）所示；用刀剪法或热剪法剥去屏蔽电缆线外绝缘层，如图 3-7（b）所示；剪去一段金属屏蔽网线并剥头如图 3-7（c）所示；翻转余下一段金属屏蔽网线如图 3-7（d）所示；套上热缩套管并加热使套管收紧如图 3-7（e）所示。

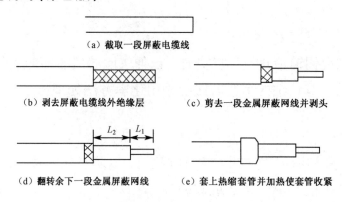

（a）截取一段屏蔽电缆线

（b）剥去屏蔽电缆线外绝缘层 　　　　（c）剪去一段金属屏蔽网线并剥头

（d）翻转余下一段金属屏蔽网线 　　　（e）套上热缩套管并加热使套管收紧

图 3-7　屏蔽电缆线不接地线端头加工

（2）屏蔽电缆线接地线端头加工如图 3-8 所示。其中，按照工艺要求截取一段屏蔽电缆线，如图 3-8（a）所示；用刀剪法或热剪法剥去屏蔽电缆线外绝缘层，如图 3-8（b）所示；从金属屏蔽网线中抽出带绝缘层的芯线并剥头如图 3-8（c）所示；将金属屏蔽网线剪齐、拧紧、浸锡如图 3-8（d）所示；在金属屏蔽网线端头焊接或压接上接线端子，如图 3-8（e）所示。

图 3-7 和 3-8 中的 L_1 表示芯线显露的长度；L_2 表示金属屏蔽层剥离的长度。

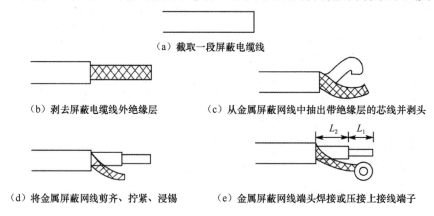

（a）截取一段屏蔽电缆线

（b）剥去屏蔽电缆线外绝缘层 　　　（c）从金属屏蔽网线中抽出带绝缘层的芯线并剥头

（d）将金属屏蔽网线剪齐、拧紧、浸锡 　　（e）金属屏蔽网线端头焊接或压接上接线端子

图 3-8　屏蔽电缆线接地线端头加工

五、线扎的制作

一件电子产品，尤其是大中型产品，电路连接所用的导线既多又复杂，如果不加以整理，就会显得十分混乱，并且势必影响整机的空间美观，给检测、维修带来麻烦。为解决这个问题，常常用线绳或线扎搭扣把各种导线扎制成各种不同形状的线扎。常见的线扎工艺有以下几种。

1. 线束绑扎

绑扎线束的线绳有棉线、亚麻线、尼龙线等。绑扎前应先把它们放在温度不高的石蜡中浸一下，以增加绑扎的涩性，使线扣不易松脱。线束绑扎示意图如图 3-9 所示。其中图 3-9（a）所示是起始线扣的结扣方法，即先绕一圈，拉紧再绕第二圈，第二圈与第一圈靠紧；图 3-9（b）所示为绕一圈后的结扣方法；图 3-9（c）所示为绕两圈后的结扣方法；图 3-9（d）所示为终端线扣的结扎方法，即先绕一个中间线扣，再绕一圈固定扣。

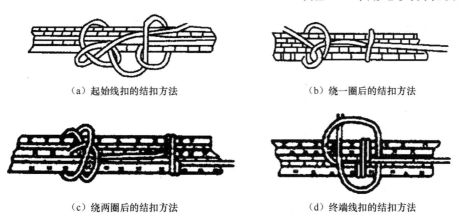

（a）起始线扣的结扣方法 　　　　　（b）绕一圈后的结扣方法

（c）绕两圈后的结扣方法 　　　　　（d）终端线扣的结扣方法

图 3-9　线束绑扎示意图

2．线扣绑扎

线扣绑扎比较简单易行，但只能一次性使用。线扣有多种式样，其式样及绑扎示意图如图 3-10 所示。

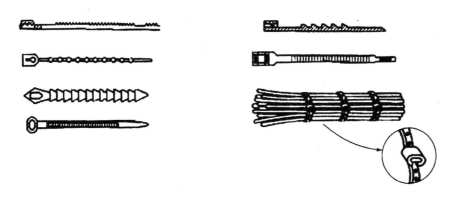

图 3-10　线扣式样及绑扎示意图

💡 **注意事项**

用线扣绑扎时，可以手工拉紧，也可以用专业工具拉紧，但不能过紧，以免损坏线扣锁。在适当拉紧后剪去多余长度就完成了一个线扣的绑扎。

3．装套管

套管可以不用绑扎而将数股导线约束成线扎。装套管如图 3-11 所示。

图 3-11　装套管

常用的套管有热缩套管、可换套管和拉链套管三种。其中热缩套管的使用方法最简单，只要选择相应直径的热缩套管，按照工艺要求剪切成一定长度，将导线一一穿过套管，整理导线束后，加热即成为一定形式的线扎。

4. 黏合剂黏合

导线很少时，可用黏合剂将导线黏合成线束。导线黏合示意图如图 3-12 所示。

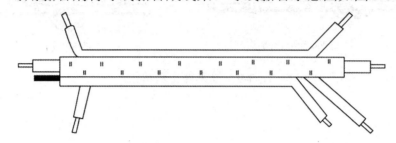

图 3-12　导线黏合示意图

常用的黏合剂是四氢呋喃。使用时用平头毛笔沾少许涂在导线束表面上，2～3min 后黏合剂便可凝固。

阅读与思考

“差不多”就是“差得远”

上海美术电影制片厂与北京电影厂曾经在 1964 年联合推出了动画片《差不多》。

少年猎手小林刚开始学射箭，几乎次次脱靶。但他总是觉得箭“差不多”就中靶了，便想独自进山打猎。老猎手爷爷坚持认为小林的箭术不是“差不多”，而是“差得远”，要求他必须练到箭箭射中靶心。小林对训练敷衍了事，只是偶然射中了一次靶心，就得意扬扬地跑去打猎。

他进山后遇到一头狼，射了三箭都偏得很远。由于小林的箭术很烂，狼很快反扑过来。如果不是老猎手及时赶到，小林必将葬送于狼口。从此以后，小林再也不说“差不多”了。

通过这部动画片，我们可以从生活中找到许多“差不多”的案例。

许多行业并不像制造业那样要求严丝合缝，而制造业也因为技术种类差异对工艺精密度要求不一。在过去，“差不多”的散漫作风还能利用粗放型发展模式的漏洞谋得生机，精益求精的作风还不足以展现出更大的价值。但时过境迁，今后的“差不多”很可能连及格线都达不到，完全丧失低成本的竞争力。

我们处于一个飞速发展的时代。中国的工业化与信息化过程在不断提速。传统的粗放型发展模式，已经越来越不能适应社会需求。全球经济萧条导致出口需求下降，劳动力成本也在不断上升，去工业化的发达国家也纷纷推出了复兴制造业的计划。这些严峻的挑战都在敦促中国各行各业朝集约化方向升级，减少能耗与资源浪费，提高品质与技术含量。此外，随着工业4.0 浪潮的来袭，智能化制造技术已经被列为国家重点发展项目。这也对现代企业员工提出了更高的素质要求。

中国制造变为“中国智造”将是一个漫长的过程。在这个背景下，视品质为生命、以精确严谨为导向的工匠精神，将逐渐成为新时代的主流意识。

"差不多"就是"差得远"。那些还抱着"差不多"观念的人注定不能适应未来的发展形势。唯有秉持一丝不苟的严谨作风，我们才能顺应潮流，获得更多的成功机遇。

根据以上信息，认真思考以下问题：

（1）你在生活中常说"差不多"吗？找出几个"差不多"案例，说出"后果"，便于大家引以为戒。

（2）导线的加工过程，若不严谨，会对电子整机装配带来什么影响？发表你的看法，并与同学们交流。

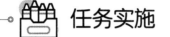

任务实施

一、绝缘导线、屏蔽电缆线的端头加工

1. 任务目标

熟悉并掌握绝缘导线、屏蔽电缆线的端头加工方法和基本步骤。

导线的加工

2. 所需器材

（1）工具：剥线钳、剪刀、电工刀、烙铁、松香、焊锡、镊子等各1把（件）。

（2）器材：适量的多股普通绝缘导线、屏蔽电缆线。

3. 完成内容

1）绝缘导线的端头加工

（1）截取5段100mm长的多股绝缘导线，如图3-13（a）所示。

（2）用刀剪法分别剥去导线两端的绝缘层5mm和10mm，如图3-13（b）所示。

（3）按要求捻紧并拉直芯线，如图3-13（c）所示。

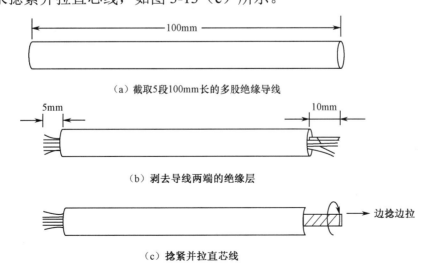

（a）截取5段100mm长的多股绝缘导线

（b）剥去导线两端的绝缘层

（c）捻紧并拉直芯线

图3-13　绝缘导线的剥头、捻紧示意图

（4）将捻紧的芯线放在松香表面，待电烙铁加热后蘸上焊锡，适当用力将烙铁头压在芯线表面，然后慢慢移动烙铁头，并转动导线，重复几次，使芯线表面均匀浸锡。绝缘导线的上锡示意图如图 3-14 所示。

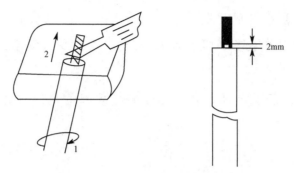

图 3-14　绝缘导线的上锡示意图

💡 **注意事项**

浸锡面与绝缘层应保持 2mm 距离，且锡不能浸到绝缘层上。

2）屏蔽电缆线的端头加工

（1）截取 5 段 150mm 长的屏蔽电缆线，如图 3-15（a）所示。

（2）用刃剪法分别剥去导线两端的绝缘层 20mm 和 30mm，如图 3-15（b）所示。

（3）从金属编织套中抽出芯线，如图 3-15（c）所示。操作时可用镊子在编织层上拨开一个小孔，弯曲金属屏蔽层，从孔中取出芯线。

（4）对芯线端头分别剥头 10mm 和 15mm，如图 3-15（d）所示。若用刃剪法，应先形成横向切口，然后边拉边转动芯线绝缘层，最后即可捻紧并拉直芯线，如图 3-15（e）所示。

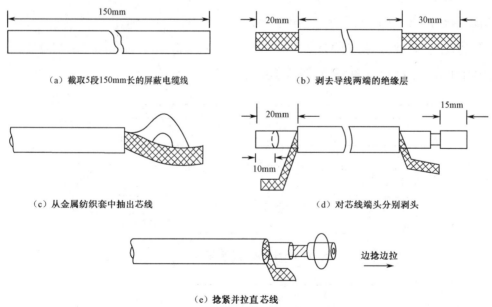

（a）截取5段150mm长的屏蔽电缆线　　　　（b）剥去导线两端的绝缘层

（c）从金属纺织套中抽出芯线　　　　　（d）对芯线端头分别剥头

（e）捻紧并拉直芯线

图 3-15　屏蔽电缆线的端头加工示意图

（5）将金属编织套捻紧成线状，并对捻紧的芯线、编织线浸锡。

二、线束绑扎

1. 任务目标

熟悉并掌握线绳绑扎的方法和基本步骤。

2. 所需器材

（1）工具：剪刀、镊子各一个。

（2）器材：绑扎线绳、焊片、导线、竹竿（筷子）适量。

3. 完成内容

1）模拟练习

先利用竹竿按照图 3-9 所示的方法练习起始线扣、中间线扣和终端线扣的系法。

2）实训操作

依据图 3-16 提供的线扎加工工艺图，先简单后复杂地进行线扎加工的练习。线扎细节处理示意图如图 3-17 所示。

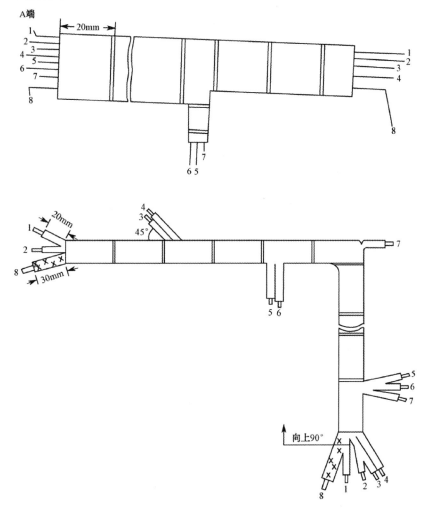

图 3-16　线扎加工工艺图

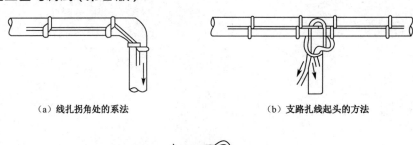

(a) 线扎拐角处的系法   (b) 支路扎线起头的方法

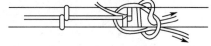

(c) 中途扎线不够时的处理方法

图 3-17　线扎细节处理示意图

注意事项

反复练习，熟练技能，以使加工的线扎符合工艺要求。绑扎中一些细节的处理技巧可参考图 3-17。

三、任务评价

任务检测与评估

检测内容	分　值	评分标准	学 生 自 评	教 师 评 估
工具使用	10	各种工具用途不明确，扣 4～10 分；各种工具使用方法不正确，扣 4～10 分。扣分不得超过 10 分		
导线的剪裁	10	全长允许误差为 5%～10%，出现负误差，每根扣 2 分。扣分不得超过 10 分		
剥头	20	绝缘层破裂，每根扣 2 分；损伤芯线扣 3 分；线头超长扣 2 分。扣分不得超过 20 分		
捻头	10	松散、断股，每根扣 3 分。扣分不得超过 10 分		
上锡	10	浸锡不光滑，每头扣 1 分；烙铁损伤绝缘层，扣 4～10 分。扣分不得超过 10 分		
线束绑扎	20	扎线松散，每处扣 2 分；不符合工艺要求，扣 4～10 分。扣分不得超过 20 分		
安全操作	10	不按照规定操作，损坏仪器，扣 4～10 分。扣分不得超过 10 分		
现场管理	10	结束后没有整理现场，扣 4～10 分。扣分不得超过 10 分		
合计	100			

知识拓展

导线的选用

导线的选用要从电路条件、环境条件、机械条件等方面综合考虑。

1．电路条件

（1）允许电流。导线在常温下工作的电流值要小于允许的电流值。

（2）导线电阻的压降。导线较长时要考虑导线电阻对电压的影响。

（3）额定电压。使用时，电路的最大电压要低于额定电压。

（4）使用频率。应对不同的频率选用不同的线材，且要考虑高频信号的集肤效应。

（5）特性阻抗。在高频时应特别注意阻抗匹配，否则会产生反射波，破坏传输的信号。特性阻抗有 50Ω 和 75Ω 两种，国际上优选 50Ω。

（6）信号电平和屏蔽。当信号电平较小时易受噪声信号的干扰，因此常采用屏蔽线来克服。

2．环境条件

（1）温度。温度会使导线绝缘层变软、变硬而造成短路，因此，所选导线应满足环境温度的要求。

（2）耐电化性。一般情况下，导线不要与化学物质、日光直接接触。

3．机械条件

所选导线应具备抗拉伸、耐磨和柔软性，且具备质量轻、抗振动等特性。

除此之外，选用导线时还应考虑其安全性，防止火灾和人身事故的发生。易燃材料不能用作导线的敷层。为了整机装配及维修方便，导线绝缘套管的颜色选用要符合习惯、便于识别。导线颜色的选择如表 3-7 所示。

表 3-7　导线颜色的选择

电 路 种 类		导 线 颜 色	电 路 种 类		导 线 颜 色
交流线路/接线地址		白、灰/绿、绿底黄纹、黑	指示灯		青
直流线路	正极	红、白底红纹、棕	显像管电极	灯丝	青
	零线	黑、紫		阴极	绿
	负极	青、白底青纹		加速极	红
晶体管	发射极	红、棕		帘栅极	橙、黄
	基极	黄、橙		聚焦极	橙、红
	集电极	青、绿	立体声	右声道	红、橙
				左声道	白、灰

任务二　绝缘材料的加工与应用

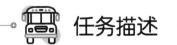

任务描述

基于电缆线、热缩套管、喷灯、剥线钳、尖嘴钳、电缆屏蔽线、PVC 胶带、金属内衬管、清洁剂、砂布，按照热缩套管的封装操作方法及标准要求完成热缩套管对电缆接头封合。

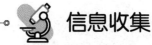

绝缘材料是指具有高电阻率、能够隔离相邻导体或防止导体间发生接触的材料，又称电介质。它不仅具有较高的绝缘电阻和耐压强度，还具有良好的耐热性、导热性、防霉耐潮性、较高的机械强度及可加工性等特点。

绝缘材料常常与导线配合使用，主要用于导线的包扎、衬垫、护套等。

一、绝缘材料的分类

1．按化学性质不同分

（1）有机绝缘材料。有机绝缘材料有树脂、棉纱、纸、麻、蚕丝、人造丝等，大多用来制造绝缘漆、绕组导线的被覆绝缘物等。其特点是密度小、易加工、柔软，但耐热性不高、化学稳定性差、容易老化。

（2）无机绝缘材料。无机绝缘材料有云母、石棉、陶瓷、玻璃、大理石、硫磺等，主要用作电机、电器的绕组绝缘、开关底板和绝缘子的制造材料等。其特点与有机绝缘材料相反。

（3）混合绝缘材料。混合绝缘材料是以上两种材料经加工后制成的各种成型绝缘材料，一般用作电器底座、外壳等。

2．按物质形态分

（1）气体绝缘材料，如空气、氮气、氢气、六氟化硫等。

（2）液体绝缘材料，如电容油、变压器油、开关油、硅油等。

（3）固体绝缘材料，如电容器纸、聚苯乙烯、云母、陶瓷、玻璃等。

3．按用途分

绝缘材料按用途分为介质材料，如陶瓷、玻璃、塑料膜、云母、电容器纸等；装置材料，如装置陶瓷、酚醛树脂等；浸渍材料和涂覆材料等。

二、绝缘材料的主要性能

1．绝缘电阻

绝缘材料的电阻率很高，但在一定的电压作用下，总会有极微弱的漏电流流过。绝缘电阻是其最基本的绝缘性能指标，可用兆欧表测定。

2．耐压强度

绝缘材料在电场强度增大到某一极限值时，会使绝缘层击穿，从而失去绝缘性能。在电子产品中，绝缘材料必须满足耐压要求。

3．机械强度

绝缘材料的机械强度一般是指抗张强度，即每平方厘米所能够承受的拉力。不同用途的绝缘材料对机械强度的要求不同。

4．耐热等级

耐热等级是指绝缘材料允许的最高工作温度，以保证电工产品的使用寿命，避免使用时温度过高而加速绝缘材料的老化。

绝缘材料的耐热等级可分为 7 级，如表 3-8 所示。

表 3-8　绝缘材料的耐热等级

级 别 代 码	最高温度（℃）	主 要 材 料	级 别 代 码	最高温度（℃）	主 要 材 料
Y	90	棉丝、丝、纸	F	155	树脂黏合剂或浸渍的无机材料
A	105	棉丝、丝、纸经浸渍	H	180	有机硅、树脂、漆及无机材料
E	120	有机薄膜、有机磁漆	C	>200	硅塑料、聚氯乙烯、云母、陶瓷等材料的组合
B	130	云母、玻璃纤维、石棉			

三、绝缘材料的用途

绝缘材料在电子产品中有着广泛的应用。

1．介质材料

介质材料用作电容器的介质，要求介电常数大、损耗小。

2．装置和结构材料

装置和结构材料用作开关、接线柱、线圈骨架、印制电路板及一些机械结构件，要求有较高的机械强度。对高频应用的材料还要求其介质损耗和介电常数小，以减少耗损和分布电容。

3．浸渍、灌封材料

浸渍、灌封材料要求有良好的电性能及黏度小、化学稳定性高、吸水性小、阻燃性好、无毒等。

4．涂覆材料

涂覆材料要求有良好的附着性。

常用绝缘材料的主要用途可参考表 3-9。使用时应根据产品的电气性能和环境条件要求，合理选用绝缘材料。

表 3-9 常用绝缘材料的主要用途

名　　称	牌　　号	特性及用途
电缆纸	K—08，K—12，K—17	适用于 35kV 的电力电缆、控制电缆、通信电缆及其他电缆绝缘纸
电容器纸	DR-Ⅲ	在电子设备中用于变压器的层间绝缘
黄漆布与黄漆绸	2010（平放），2210	适用于一般电机、电器的衬垫或线圈绝缘
黄漆管	2710	有一定的弹性，适用于电器仪表、无线电器件和其他电器装置的导线连接保护和绝缘
环氧玻璃漆布		适用于包扎环氧树脂浇注的特种电器线圈
软聚氯乙烯		用于电器绝缘及保护，颜色有灰、白、天蓝、紫、红、橙、棕、黄、绿等
聚四氟乙烯电容器薄膜、聚四氟乙烯电容器绝缘薄膜	SMF—1 SMF—3	用于电容器及电气仪表中的绝缘，适用温度为−60～+25℃
酚醛层压纸板	3021，3023	3023 具有低的介质耗损，适用于无线电电信
酚醛层压布板	3025	有较高的机械性能和一定的介电性能，适用于在电气设备中作为绝缘结构零部件
环氧酚醛玻璃布板	3240	有较高的机械性能、介电性能和耐水性，适用于在潮湿环境下作为电气设备结构零部件

四、热缩套管的使用

热缩套管的使用

绝缘材料有多种，都用于电器的绝缘保护，其使用方法简单。其中热缩套管应用较普遍。下面以导线接头的绝缘封合为例介绍热缩套管的使用方法。

第一步：选择大小适当的热缩套管如图 3-18（a）所示。热缩套管的直径一般要比导线的直径大 1.5～2.0 倍，否则导线接头处会塞不进去，但也不要过大。

第二步：选取热缩套管的适合长度，不要太短，之后将导线穿进热缩套管中，如图 3-18（b）所示。

第三步：线头接好后，可以用吹风机对着热缩套管吹热风，或是用打火机点火加热，直到热缩套管完全收缩，如图 3-18（c）所示。

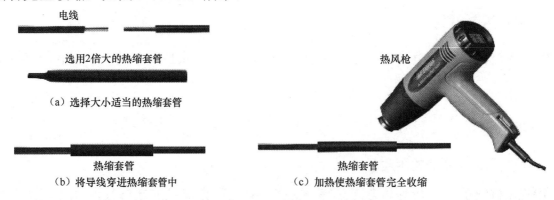

图 3-18 热缩套管的使用方法

阅读与思考

富兰克林与雷电

1752 年 7 月的一天，在美国费城，一位名叫富兰克林的科学家，做了一个轰动世界的实验。这天下午，天色阴暗，乌云滚滚。天空中不时闪烁着青白色的电光，传来一阵阵沉闷的雷声，眼看一场大雷雨就要来临了。

"这是最合适的天气"。富兰克林和他的儿子威廉带着风筝和来顿瓶（一种可充放电的容器），奔向郊外田野里的一间草棚。

他们带的并不是一只普通的风筝：它是用丝绸做成的，在它的顶端绑了一根尖细的金属丝，作为吸引闪电的"接收器"，金属丝连着放风筝用的细绳，细绳被雨水打湿后，也可成为导线；细绳的另一端系上绸带，作为绝缘体（要干燥），避免实验者触电；在绸带和绳子之间，挂有一把钥匙作为电极。

突然，天空中掠过一道耀眼的闪电。富兰克林发现，风筝细绳上的纤维一下子竖立起来。这说明，雷电已经通过风筝和细绳传导下来了。他高兴极了，禁不住伸出左手拿的导线，让导线一端裸露的金属触碰一下细绳上的钥匙，"咔"的一声，一个小小的蓝火花跳了出来。

"这果然是电"。他兴奋地叫起来，连忙把细绳上的钥匙和来顿瓶连接起来，来顿瓶上电火花闪烁。这说明来顿瓶充电了。事后，他用来顿瓶收集的雷电，做了一系列的实验，彻底击碎了闪电是"上帝之火"的说法，使人们真正认识到雷电的本质。

根据以上信息，认真思考以下问题：

（1）这个实验体现了富兰克林什么精神？请谈谈你的看法。

（2）纤维丝构成的细绳本是绝缘材料，在这个实验中，为什么会导电？

（3）富兰克林的实验危险吗？结合本任务的学习，说出如何改进才最安全。

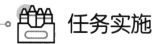

任务实施

电缆接头热缩套管封装训练

1. 任务目标

（1）掌握热缩套管的封装操作方法及标准要求。

（2）正确使用喷灯。

2. 所需器材

（1）工具：喷灯、剥线钳、尖嘴钳各一个。

（2）器材：电缆线、热缩套管、电缆屏蔽线、PVC 胶带、金属内衬管、清洁剂、砂布适量。

3．完成内容

（1）用剥线钳、尖嘴钳把两根电缆芯线连接在一起，之后在电缆接头处安装专用屏蔽线，其示意图如图 3-19 所示。

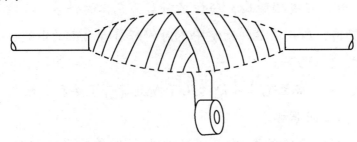

图 3-19　在电缆接头处安装专用屏蔽线的示意图

（2）在电缆接头处安装金属内衬管的示意图如图 3-20 所示。并把纵剖面拼缝用铝箔条或用 PVC 胶带黏接固定。

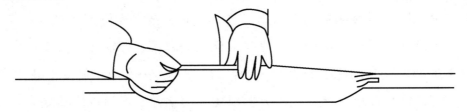

图 3-20　在电缆接头处安装金属内衬管的示意图

（3）用 PVC 胶带缠包内衬管两端的示意图如图 3-21 所示。

图 3-21　用 PVC 胶带缠包内衬管两端的示意图

（4）用清洁剂清洁内衬管两端电缆外护套的示意图如图 3-22 所示，清洁长度为 200mm。

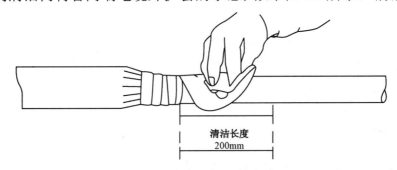

图 3-22　清洁内衬管两端电缆外护套的示意图

（5）用砂布条打磨电缆清洁部位的示意图如图 3-23 所示。

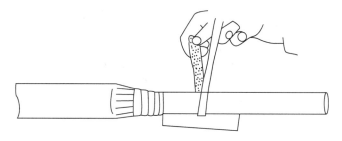

图 3-23　用砂布条打磨电缆清洁部位的示意图

（6）在热缩套管两侧向内侧 20mm 处的电缆护套划上标记，把隔热铝箔贴缠在电缆所划的标记外部。用隔热铝箔贴缠电缆的示意图如图 3-24 所示。

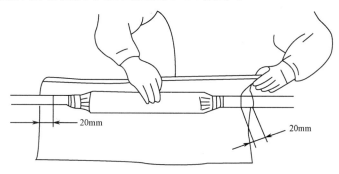

图 3-24　用隔热铝箔贴缠电缆的示意图

（7）将热缩套管居中装在接头上，如遇有分歧电缆时，应装上分歧夹。电缆套装热缩套管的示意图如图 3-25 所示。

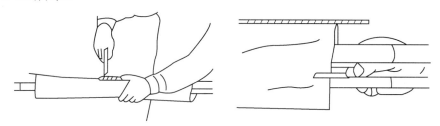

图 3-25　电缆套装热缩套管的示意图

（8）在分歧电缆一端，距热缩套管 150mm 处用扎线永久绑扎固定后，方可进行加温烘烤。绑扎分歧电缆的示意图如图 3-26 所示。

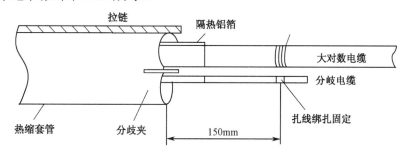

图 3-26　绑扎分歧电缆的示意图

（9）首先用喷灯对热缩套管拉链（夹条）两侧进行加热，使热缩套管拉链两侧先收缩。然后从热缩套管中下方加热。喷灯加热热缩套管的示意图（一）如图 3-27 所示。

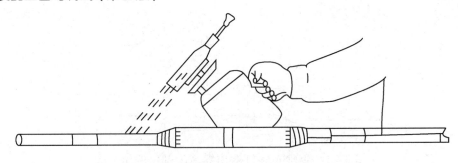

图 3-27　喷灯加热热缩套管的示意图（一）

（10）待热缩套管下方加温收缩后，先用喷灯向两端（先从任一端）圆周移动加热，温度指示漆均应变色，直至完全收缩。再把喷灯移到另一端，仍然是圆周移动加热，直至整个热缩套管收缩成型为止。喷灯加热热缩套管的示意图（二）如图 3-28 所示。

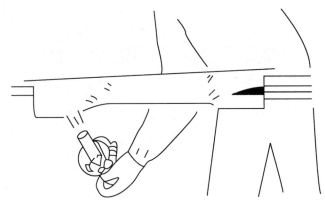

图 3-28　喷灯加热热缩套管的示意图（二）

（11）待整个热缩套管加热成型后，先对整个拉链两侧均匀加热约 1min。然后用锤子柄轻轻敲打热缩套管两端弯头处的拉链，使热缩套管拉链与内衬管紧密黏合。喷灯加热热缩套管的示意图（三）如图 3-29 所示。

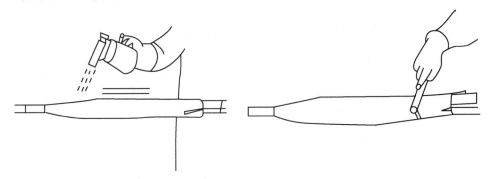

图 3-29　喷灯加热热缩套管的示意图（三）

💡 **注意事项**

　　整个热缩套管在加热成型的过程中，应平整、无折皱、无烧焦现象，温度指示漆均应变色，套管两端应有少量热熔胶流出。如果指示漆没有完全变色，或套管两端无热熔胶流出，应再次用喷灯（中等火焰）对整个热缩套管进行加热，直到达到要求为止。

4.任务评价

任务检测与评估

检测内容	分 值	评分标准	学生自评	教师评估
工具使用	10	各种工具用途不明确,扣4~10分;各种工具使用方法不正确,扣4~10分。扣分不得超过10分		
材料剪切	10	全长允许误差为5%~10%,出现负误差,每项扣2分。扣分不得超过10分		
热缩套管的套装	10	不符合工艺要求,每处扣2分。扣分不得超过10分		
喷灯的使用	30	使用不熟练扣10分;对热缩套管加热不符合工艺要求,每处扣4分。扣分不得超过30分		
热缩套管封装成型	20	封装的热缩套管不平整,每处扣1~2分;有烧焦现象,每处扣3~5分。扣分不得超过20分		
安全操作	10	不按照规定操作,损坏仪器,扣4~10分。扣分不得超过10分		
现场管理	10	结束后没有整理现场,扣4~10分。扣分不得超过10分		
合计	100			

任务三 其他材料的选择与应用

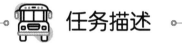

任务描述

基于废旧稳压电源(或具有垫片、散热片等的其他大功率电器)、螺丝刀、香蕉水、Q98—1胶水、小瓷盘、玻璃棒、电烙铁等,完成紧固件、垫圈、散热片、压片等小五金杂件的拆装。

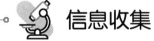

信息收集

电子产品整机装配过程中常用的材料除了前述的线材、绝缘材料外,还有紧固件、小五金杂件和磁性材料等。

一、紧固件

1.螺钉

螺钉的种类很多,目前广泛使用的是十字槽平圆头螺钉和自攻螺钉。十字槽螺钉如图3-30所示。

图 3-30　十字槽螺钉

2．垫圈

常用垫圈的图形和名称如图 3-31 所示。

（a）圆垫圈　　　　　　　（b）弹簧垫圈　　　　　　　（c）止动垫圈

图 3-31　常用垫圈的图形和名称

3．铆钉、销钉

铆钉、销钉的形状和名称如图 3-32 所示。

（a）空心铆钉　　　　（b）平圆头铆钉　　　　（c）灯头铆钉　　　　（d）圆柱销钉

图 3-32　铆钉、销钉的形状和名称

二、小五金杂件

1．散热器

为使功率消耗较大的元器件所产生的热量尽快释放出去，降低元器件的温度，常常在元器件上固定金属翼片，称为散热器。目前，散热器常用散热较好的铝铜等金属制造而成。常见的散热器如图 3-33 所示。

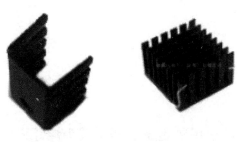

图 3-33　常见的散热器

2. 压片和卡子

压片和卡子主要用来把线束、电缆和零部件固定在整机的机壳、底板等处，防止在振动时脱落，并使导线布局整齐美观。常用的压片和卡子如图 3-34 所示。

用塑料制成的尼龙扎紧链常用在电子设备中捆扎线束。

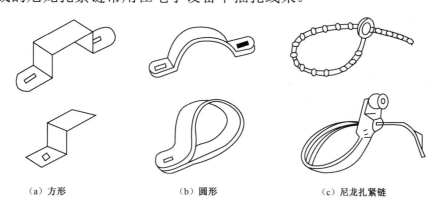

（a）方形　　　　　　　　（b）圆形　　　　　　　　（c）尼龙扎紧链

图 3-34　常用的压片和卡子

三、黏合剂

黏合剂简称胶，用于同类或不同类材料的胶接。常用黏合剂的特性和应用如表 3-10 所示。

表 3-10　常用黏合剂的特性和应用

牌号名称	组　分	固化条件	应　用
101 乌得当胶	甲、乙双组分	室温时为 5～6h，100℃时为 1.5～2h，130℃时为 30min	纸张、皮面、木材、一般材料、金属的胶合
XY—401 橡胶	单组分立体胶：丁（烷）基酚甲醛树脂	室温时为 24h，80～90℃时为 2h	橡胶之间，橡胶与金属、玻璃、木材的胶合
501、502 瞬干胶	单组分	室温下仅为几秒至几分钟	金属、陶瓷、玻璃、塑料（除聚乙烯、聚四氟乙烯外），橡胶本身及相互间的胶合
Q98—1 硝基胶	单组分	常温时为 24h	织物、木材、纸的胶合；镀层补涂覆
G98—1 过氯乙烯胶	单组分，过氯乙烯树脂	常温时为 24h	聚氯乙烯自身及其与金属、织物之间的胶合
白胶水	单组分，聚乙酸乙烯树脂	常温时为 24h	织物、木材、纸、皮革自身或相互间的胶合
X98—1 缩醛胶	单组分	60℃时为 8h，80～100℃时为 2～4h	金属、陶瓷、玻璃、塑料（除聚氯乙烯、聚乙烯外）自身及相互间的胶合
压敏胶	单组分，氯丁橡胶	室温时无固化期	轻质金属、纸、塑料薄膜、标牌的胶合
204 耐高温胶	单组分，酚醛—缩醛—有机硅	180℃时为 2h	各种金属、玻璃钢、耐热酚醛板自身及相互间的胶合
环氧胶	多组分，环氧树脂为基体	不同固化剂的不同比例有不同固化条件	柔韧型用于橡胶与塑料；刚性型多作为结构胶使用，用于金属、玻璃、陶瓷、胶木的胶合

四、紧固件的连接工艺

在电子产品整机装配中，部件的连接、部件的组装、部分元器件的固定及锁紧、定位等常常用到金属标准零件，如螺钉、垫圈、铆钉及销钉等。

1．连接工艺

用螺钉、螺母及垫圈将各种元器件和零件、部件、整件之间紧固地安装在整机各个位置上的过程称为螺钉连接安装工艺。螺钉连接要紧固，安装要按工艺顺序进行，被安装件的形状方向或电子元器件的标称值方向应符合图纸的规定。当安装部位全是金属件时，应使用钢垫圈；用两个螺钉安装元器件时，应将安装件摆正位置后再对两个螺钉进行均匀紧固，绝对不能把其中一个拧紧后再安装另一个；用四个螺钉安装元器件时，可先按对角线的顺序分别半紧固，再均匀拧紧。

2．防止连接松动的措施

（1）利用两个螺母互锁，常在机箱接线板上使用。

（2）用弹簧垫圈防止螺钉松动，常用于紧固部位为金属的元器件。

（3）靠加弹簧垫圈止动，同时在螺孔内涂紧固漆。

（4）靠橡皮垫圈起止动作用。

（5）靠加工开口的销钉止动，多用于有特殊要求器件的大螺母上。

五、黏接工艺

用黏合剂将零件、材料或元器件黏连在一起的过程，称为黏接。黏接的简单工艺过程为：黏合剂的合理选用→黏接表面的清理→调胶→涂胶→黏合→固化（加温或加压）。

工艺过程中每道工序、每项工作的质量都直接影响黏接质量，特别是黏合剂的合理选用，往往需要经过多次试验才能确定。黏接前对黏接物品的表面要进行认真清理，而且经过清理的表面还必须在规定的时间内进行黏接。不同种类、型号黏合剂的调胶、涂胶、黏合、固化，各有不同的规定和要求，黏接时应严格按照黏接工艺规定进行。

阅读与思考

只有适合的，才是最好的

如果一台机器上的螺母掉了，你会怎么办？是漫不经心拿着扳手、钳子随意匹配呢？还是，拿着新旧不一、型号各异的螺母去匹配呢？可能你会想，反正机器也没什么故障，只是换一个螺母而已，没必要认真对待。

正确的做法是：找出一个与螺钉的尺寸、型号搭配得当的螺母换在机器上。

对于一台机器而言，与螺钉吻合得天衣无缝的才叫螺母，其他的全是一块一块的废铁。工厂就好比一台机器，工人就好比一个简单而不可或缺的螺母。

紧固件人要明白的是：不用去追求、打造最好的螺钉、螺母，而应该去制造最合适、最相配的螺钉、螺母。只有适合的，才是最好的。

根据以上信息，认真思考以下问题：

（1）"只有适合的，才是最好的。"你如何理解这句话？

（2）从这个小故事中你都体会到了什么？请以小组为单位说一说。

（3）螺钉、螺母是小五金杂件吗？哪些是小五金杂件？都有什么作用？和我们的生活有什么联系？请以小组为单位谈一谈。

任务实施

紧固件和小五金杂件的应用

1. 任务目标

（1）熟练掌握紧固件的连接工艺。

（2）认识小五金杂件，并掌握其应用方法。

2. 所需器材

（1）工具：螺丝刀、小瓷盘、玻璃棒、电烙铁各一个（套）。

（2）器材：废旧稳压电源（或具有垫片、散热片等的大功率电器）、香蕉水、Q98—1 胶水各一件（块）。

3. 完成内容

（1）按照工艺要求，选择合适的螺丝刀把稳压电源外壳打开。拆卸螺钉时，先按对角线的顺序分别半松螺钉，再均匀卸掉。

注意事项

拆卸的螺钉要放在一个盒子内，以免丢失。

（2）卸掉外壳后仔细寻找并观察电路主板上的散热片、压片或卡子（线夹）等。再用螺丝刀和电烙铁把电源开关管等与散热片拆离。

注意事项

开关管等与散热片间往往用云母或陶瓷绝缘片隔离，有的引脚上还套有陶瓷或橡胶材料进行绝缘保护。

（3）首先清洁卸下的螺钉、螺母，然后按照连接工艺，重新把电源开关管等固定到散热片上。

（4）为了防止螺钉的松动，应把香蕉水与黏合剂 Q98—1 胶水按 1：9 的比例在瓷盘内搅拌均匀后，在螺钉或螺母的下端滴入 1～2 滴。

（5）把电路板恢复原状，按照连接工艺重新把稳压电源外壳装配紧固。

4．任务评价

任务检测与评估

检 测 内 容	分　值	评 分 标 准	学 生 自 评	教 师 评 估
工具使用	10	各种工具用途不明确，扣 4～10 分；各种工具使用方法不正确，扣 4～10 分。扣分不得超过 10 分		
拆卸稳压电源外壳	10	不符合工艺要求，扣 4～10 分。扣分不得超过 10 分		
寻找观察散热片、压片等	20	每少找到一个，扣 3 分。扣分不得超过 20 分		
元器件与散热片的拆离和固定	20	少拆离一个或少固定一个，扣 2 分；拆离或固定时不符合工艺要求，每处扣 2 分。扣分不得超过 20 分		
调制和使用黏合剂	10	不符合工艺要求，扣 4～10 分。扣分不得超过 10 分		
固定稳压电源外壳	10	不符合工艺要求，扣 4～10 分。扣分不得超过 10 分		
安全操作	10	不按照规定操作，损坏仪器，扣 4～10 分。扣分不得超过 10 分		
现场管理	10	结束后没有整理现场，扣 4～10 分。扣分不得超过 10 分		
合计	100			

 知识拓展

一、磁性材料

电子产品整机装配也常常用到磁性材料。它按电阻率高低分为金属磁性材料和非金属磁性材料。

1．金属磁性材料

金属磁性材料又分为软磁性材料和硬磁性材料。

（1）软磁性材料。软磁性材料在较弱的外磁场下就能够产生高的磁感应强度，并随外磁场

的增强很快达到饱和。当外磁场去除时，其磁性基本消失。常用的软磁性材料有电工纯铁、硅钢板、铁镍合金等，可用来制作电动机、变压器、电磁铁的磁芯。

（2）硬磁性材料。硬磁性材料在所加磁化磁场去掉以后仍能在较长时间内保持强而稳定的磁性。它主要用于制造永久性磁铁（简称永磁铁），在测量仪器、仪表、永磁电机及通信装置中应用广泛。

2. 非金属磁性材料

非金属磁性材料是一种铁磁性能的金属氧化物，其电阻率很高，密度小，防锈防腐性能好，具有较高的介电性能，常在高频电路中使用。

常见非金属磁性件及其应用如表 3-11 所示。

表 3-11　常见非金属磁性件及其应用

名　称	外　形	应用举例	名　称	外　形	应用举例
螺纹磁芯		中周磁芯、可调电感磁芯、振荡线圈磁芯	偏转		偏转线圈磁芯
帽形		收音机中周磁芯、可调电感磁帽	双孔		天线阻抗匹配变压器磁芯
工形		收音机中周磁芯	环形		中周变压器或脉冲变压器磁芯、固定电感磁芯
E 形		变压器磁芯、直流变换器磁芯	棒形		收音机接收天线磁棒、固定电感磁芯
U 形		变压器磁芯			

二、铆装工艺

用铆钉将各种元器件和零件或部件连在一起的过程称为铆装。铆装常用的工具有手锤、压紧冲头、垫模等。当铆钉头镦铆成半圆形时，铆钉孔要与铆钉直径相契合，此时应先将铆钉放到孔内，再将铆钉头放到垫模上，将压紧冲头放到铆钉上，压紧两个被铆装件。然后拿下压紧冲头，改用半圆形冲头镦铆露出的铆钉端。开始时不要用力过大，最后用力砸几下即可紧固。当铆钉头镦铆成沉头时，应先将铆钉放在被铆装孔内，将铆钉头放在垫模上，用压紧冲头压紧两个被铆装件，然后用平冲头镦成型。当铆装空心铆钉时，应先将装上空心铆钉的被铆装件放在平垫模上，用压紧冲头压紧，然后用尖头冲头将铆钉扩成喇叭状，再用压紧冲头砸紧。

印制电路板的设计与制作

印制电路板，又称印刷电路板、印刷线路板，简称印制板，英文简称为 PCB（Printed Circuit Board）或 PWB（Printed Wiring Board）。印制电路板由绝缘底板、连接导线、焊盘三部分组成，具有导电线路和绝缘底板的双重作用，是一种电子设备中极其重要的组装部件。采用印制电路板的优点很多，主要包括：它可以实现电路中各个元器件的电气连接，代替复杂的布线，减少了传统方式下的接线工作量，简化了电子产品的装配、焊接、调试工作；缩小了整机体积，降低了产品成本，提高了电子设备的质量和可靠性；具有良好的产品一致性，可以采用标准化设计，有利于在生产过程中实现机械化和自动化；将整块经过装配调试的印制电路板作为一个备件，便于整机产品的互换和维修。由于具有以上优点，所以印制电路板已经广泛应用于收音机、录音机、电视机、通信设备、计算机、仪器仪表等各种电子产品的生产制造中。

任务一 简单印制电路板的设计

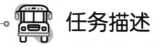 **任务描述**

基于铅笔、橡皮、三角板、坐标纸、简易的稳压电源电路图一份和相应的电阻器、电容器、二极管、三极管等，完成以下任务。

（1）根据稳压电源电路图，选定印制电路板的材料、厚度和板面尺寸。

（2）测量估算电子元器件的尺寸。

（3）由原理图绘制印制电路板图。

 信息收集

印制电路板的设计是根据设计人员的意图，将电路原理图转换成印制电路板图的过程。它包括选择印制电路板材质、确定整机结构；考虑电气、机械、元器件的安装方式、位置和尺寸；决定印制导线的宽度、间距和焊盘的直径、孔径；设计印制插头或连接器的结构；根据电路要求设计布线草图；准备印制电路板生产必需的全部资料和数据。

印制电路板的设计通常有两种方式：一种是人工设计，另一种是计算机辅助设计。无论采取哪种方式，都必须符合原理图的电气连接和产品电气性能、机械性能方面的要求，并要考虑印制电路板加工工艺和电子装配工艺的基本要求。

一、印制电路板的作用和种类

印制电路板的种类

印制电路板以绝缘底板为基材，切成一定尺寸，其上至少附有一个导电图形，并布有孔（如元器件孔、紧固孔、金属化孔等），用来代替以往装置电子元器件的底盘，并实现电子元器件之间的相互连接。由于这种板是采用电子印刷术制作的，故被称为印刷电路板。习惯称印制电路板为印制电路是不确切的，因为在印制电路板上并没有印制元件，而仅有布线。印制电路板是重要的电子部件，是电子元器件的支撑体。

1．印制电路板的作用

（1）提供各种电子元器件的固定、装配的机械支撑。

（2）实现各种电子元器件之间的电气连接。

（3）提供阻焊图形和丝印图形。

2．印制电路板的种类

1）单面印制电路板

在印制电路板上，若元器件集中在其中的一面，印制导线集中在另一面，则这种印制电路板叫作单面印制电路板。因为单面印制电路板在设计线路时有许多严格的限制（因为只有一面，布线不能交叉而必须绕行自己单独的路径），所以它适合一些要求不高或简单的制作电路。单面印制电路板如图 4-1 所示。

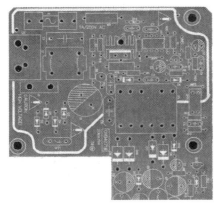
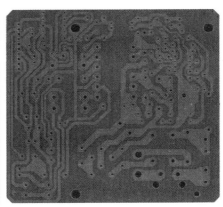

单面印制电路板表面　　　　　　　　　　单面印制电路板底面

图 4-1　单面印制电路板

2）双面印制电路板

若绝缘底板两面均敷有铜箔，则可在底板的两面制成印制电路。也就是说，这种电路板的两面都有布线，不过要想用上两面的导线，必须在两面间有适当的电路连接才行，连接两面间电路的桥梁叫作导孔。导孔是在印制电路板上充满或涂上金属的小孔，它可以与两面的导线相连接。因为双面印制电路板的布线面积比单面印制电路板的布线面积大了一倍，而且布线可以相互交错，布线密集度较高，所以能减小产品的体积。它更适合用在比较复杂的电路上，如计算机的主板、电子仪器。双面印制电路板如图 4-2 所示。

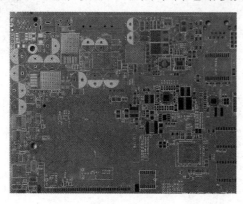

双面印制电路板表面　　　　　　　　　　双面印制电路板底面

图 4-2　双面印制电路板

3）柔性印制电路板

柔性印制电路板是以聚酰亚胺或聚酯薄膜为基材制成的一种具有高度可靠性、绝佳可挠性的印制电路板，简称软板或 FPC。它具有配线密度高、质量轻、厚度薄、配线空间限制较少、灵活度高等优点，完全符合电子产品轻、薄、短、小的发展趋势。柔性印制电路板主要使用在手机、笔记本电脑、PDA、数码相机、LCM 等多种产品上。柔性印制电路板如图 4-3 所示。

4）多层印制电路板

在绝缘底板上制成三层以上电路的印制电路板称为多层印制电路板。它由几层较薄的单面印制电路板或双面印制电路板黏合而成。层与层之间可以通过埋孔和盲孔进行电路连接。多层印制电路板适合超级计算机和大型电路使用。多层印制电路板如图 4-4 所示。

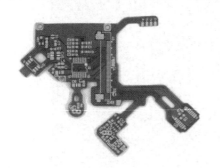
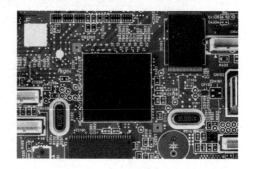

图 4-3　柔性印制电路板　　　　　　　图 4-4　多层印制电路板

3．印制电路板的主要优点

（1）由于印制电路板的图形具有重复性（再现性）和一致性，所以减少了布线和装配的差错，节省了设备的维修、调试和检查时间。

（2）设计上可以标准化，利于互换。

（3）布线密度高，体积小，质量轻，利于电子设备的小型化。

（4）利于机械化、自动化生产，提高了劳动生产率，降低了电子设备的造价。

二、印制电路板的设计要求

印制电路板设计

要使电路获得最佳性能，印制电路板的设计应遵循以下要求。

1．布局要求

首先，要考虑印制电路板的尺寸大小。当印制电路板的尺寸过大时，印制线条长，阻抗增加，抗噪声能力下降，成本也增加；若其尺寸过小，则散热不好，且邻近线条易受干扰。在确定了印制电路板的尺寸后，再确定特殊元器件的位置。最后，根据电路的功能单元，对电路的全部元器件进行布局。

在确定特殊元器件的位置时要遵守以下原则。

（1）尽可能缩短高频元器件之间的连线，设法减少它们的分布参数和相互间的电磁干扰；易受干扰的元器件间不能挨得太近，输入和输出元器件应尽量远离。

（2）某些元器件或导线之间可能有较高的电位差，因此应加大它们之间的距离，以免放电引起意外短路；带高电压的元器件应尽量布置在调试时手不易触及的地方。

（3）质量超过 15g 的元器件应当用支架加以固定，然后焊接；那些又大又重、发热量多的元器件，不宜装在印制电路板上，而应装在整机的机箱底板上，且应考虑散热问题；热敏元器件应远离发热元器件。

（4）对于电位器、可调电感器、可变电容器、微动开关等可调元器件的布局，应考虑整机的结构要求：若是机内调节，则应放在印制电路板上方便调节的地方；若是机外调节，则其位置要与调节旋钮在机箱面板上的位置相适应。

（5）应留出印制电路板定位孔及固定支架所占用的位置。

根据电路的功能单元，对电路的全部元器件进行布局时，要符合以下原则。

（1）按照电路的流程安排各个功能电路单元的位置，使布局便于信号流通，并使信号尽可能保持一致的方向。

（2）以每个功能电路的核心元器件为中心，围绕它来进行布局。元器件应均匀、整齐、紧凑地排列在印制电路板上，且应尽量减少和缩短各元器件之间的引线和连接。

（3）在高频下工作的电路，要考虑元器件之间的分布参数。一般的电路应尽可能使元器件平行排列，这样不但美观，而且装焊容易，易于批量生产。

（4）位于印制电路板边缘的元器件，离印制电路板边缘的距离一般不小于 2mm。印制电路板的最佳形状为矩形，其长宽比为 3：2 或 4：3。当印制电路板板面尺寸大于 200mm×150mm时，应考虑印制电路板所受的机械强度。

2．布线要求

布线的原则如下。

（1）输入、输出端用的导线应尽量避免相邻平行，最好加线间地线，以免发生反馈耦合。

（2）印制导线的最小宽度主要由导线与绝缘底板间的黏附强度和流过它们的电流值决定。当铜箔厚度为 0.05mm、宽度为 1～15mm 时，通过 2A 的电流，其温度不会高于 3℃，因此，导线宽度为 1.5mm 可满足要求。对于集成电路，尤其是数字电路，通常选 0.02～0.3mm 的导线宽度。当然，只要允许，应尽可能使用宽线，尤其是电源线和地线。导线的最小间距主要由最坏情况下的线间绝缘电阻和击穿电压决定。对于集成电路，尤其是数字电路，只要工艺允许，可使导线的间距为 5～8mm。

（3）印制导线拐弯处一般取圆弧形，因为直角或夹角在高频电路中会影响电气性能。此外，应尽量避免使用大面积铜箔，否则当其长时间受热时，易发生铜箔膨胀和脱落现象。必须用大面积铜箔时，最好用栅格状，这样有利于排除铜箔与基板间黏合剂受热产生的挥发性气体。

布线原则的推荐图形和不推荐图形如图 4-5 所示。

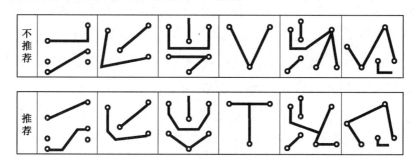

图 4-5　布线原则的推荐图形和不推荐图形

3．焊盘的种类与设计要求

1）焊盘的种类

（1）岛形焊盘，如图 4-6（a）所示。焊盘与焊盘之间的连线合为一体，犹如水上小岛，因此称为岛形焊盘。岛形焊盘常用于元器件的不规则排列，特别是当元器件采用立式不规则固定时更为普遍。岛形焊盘适用于元器件的密集固定，可大量减少印制导线的长度与数量，并能在一定程度上抑制分布参数对电路造成的影响。焊盘与印制导线合为一体后，铜箔的面积加大，焊盘和印制导线的抗剥强度增加，能降低覆铜板的档次，降低产品成本。

（2）圆形焊盘，如图 4-6（b）所示。焊盘与引线孔是同心圆。焊盘的外径一般为孔径的 2～3 倍。设计时，如果板面的密度允许，焊盘就不宜过小，因为太小的焊盘在焊接时容易脱落。在同一块板上，除个别大元器件需要大孔以外，一般焊盘的外径应取为一致，这样不仅美观，而且容易绘制。圆形焊盘多在元器件规则排列方式中使用，双面印制电路板也多采用圆形焊盘。

（3）方形焊盘，如图 4-6（c）所示。当印制电路板上的元器件体积大、数量少且线路简单时，多采用方形焊盘。这种形式的焊盘设计制作简单，精度要求低，容易实现。在一些手工制作的印制电路板中常采用这种方式，因为只需用刀刻断或刻掉一部分铜箔即可。在一些大电流的印制电路板上也多采用这种形式，因为它可以获得大的载流量。

（a）岛形焊盘

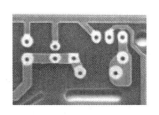
（b）圆形焊盘

（c）方形焊盘

图 4-6 焊盘的种类

2）焊盘的设计要求

焊盘中心孔要比元器件引脚孔径稍大一些，但太大易形成虚焊。焊盘的外径 D 一般不小于 $(d+1.2)\,\mathrm{mm}$，其中 d 为引脚孔径。对于高密度的数字电路，焊盘最小直径可取 $(d+1.0)\,\mathrm{mm}$。

4．电路的抗干扰要求

印制电路板的抗干扰设计与具体电路有着密切的关系，这里仅就几项常用措施做一些说明。

1）电源线的设计

应根据印制电路板电流的大小，尽量加粗电源线宽度，减少环路电阻。同时，应使电源线、地线的走向和数据传递的方向一致，这样有助于增强抗噪声能力。

2）地线的设计

地线设计的原则如下。

（1）数字"地"与模拟"地"分开。若印制电路板上既有逻辑电路又有线性电路，则应使它们尽量分开。低频电路的"地"应尽量采用单点并联接"地"，实际布线有困难时可部分串联后再并联接"地"。高频电路宜采用多点串联接"地"，且地线应短而粗，高频元器件周围应尽量采用栅格状大面积地箔。

（2）接地线应尽量加宽。若接地线用过窄的线条，则接地电位会随电流的变化而变化，使抗噪性能降低。因此应将接地线加宽，使它能通过三倍于印制电路板上的允许电流。如果有可能，接地线的宽度应在 2mm 以上。

（3）接地线构成闭环路。由数字电路组成的印制电路板，其接地电路布成闭环路大多能提高抗噪声能力。

5．印制电路板图设计中应注意的几点

1）布线方向

从焊接面看，组件的排列方位应尽可能与原理图一致，布线方向最好与电路图走线方向

一致。因为生产过程中通常需要在焊接面进行各种参数的检测，故这样做便于生产中的检查、调试及检修。

2）各组件的排列

分布要合理和均匀，力求整齐、美观、结构严谨。

3）电阻器、二极管的放置方式

（1）平放。在电路组件数量不多，而且电路板尺寸较大的情况下，采用平放较好。平放 1/4W 以下的电阻器时，两个焊盘的间距一般取 4/10 英寸；平放 1/2W 的电阻器时，两个焊盘的间距一般取 5/10 英寸。平放二极管时，如 1N400X 系列整流管，两个焊盘的间距一般取 3/10 英寸，而 1N540X 系列整流管一般取 4～5/10 英寸。

（2）竖放。在电路组件数量较多，而且电路板尺寸不大的情况下，一般采用竖放，竖放时两个焊盘的间距一般取 1～2/10 英寸。

4）电位器、IC 座的放置原则

（1）电位器。在稳压器中，电位器用来调节输出电压，因此设计电位器时应满足顺时针调节时输出电压升高，逆时针调节时输出电压降低的要求；在可调恒流充电器中，电位器用来调节充电电流的大小，因此设计电位器时应满足顺时针调节时电流增大的要求。

电位器的安放位置应当满足整机结构安装及面板布局的要求，因此应尽可能将其放置在印制电路板的边缘，旋转柄朝外。

（2）IC 座。设计印制电路板图时，在使用 IC 座的场合下，一定要特别注意 IC 座上定位槽放置的方位是否正确，并注意各个 IC 脚位是否正确，如第 1 脚只能位于 IC 座的右下角或者左上角，而且紧靠定位槽（从焊接面看）。

5）进出接线端的布置

（1）相关联的两引线端不要距离太大，一般为 2～3/10 英寸较合适。

（2）进出接线端应尽可能集中在 1 至 2 个侧面，不要太过离散。

6）引脚排列顺序的设计

设计布线图时要注意引脚排列顺序，且组件的引脚间距要合理。

7）导线设计

在保证电路性能要求的前提下，设计时应力求走线合理，少用外接跨线，并按一定的顺序要求走线，力求直观，便于安装和检修。而且在设计布线图走线时应尽量少拐弯，力求线条简单明了。

8）间距要求

布线条宽窄和线条间距要适中，电容器两焊盘间距应尽可能与电容器引脚的间距相符。

9）设计顺序

设计应按一定的顺序方向进行，如按照由左往右和由上而下的顺序进行。

三、简单印制电路板的设计步骤

1．选定印制电路板的材料、厚度、板面尺寸

（1）确定板材。印制电路板的底板材料不同，其机械性能与电气性能也有很大的差别。目前，国内常见覆铜板的种类有覆铜酚醛纸质层压板、覆铜环氧纸质层压板、覆铜环氧玻璃布层压板等。

确定板材的主要依据是整机的性能要求、使用条件及销售价格，同时还必须考虑性价比。

对于印制电路板的种类，一般应该选用单面板或双面板。分立元器件的引脚少，排列位置便于灵活变换，其电路常用单面板。双面板多用于采用集成电路较多的电路。

在印制电路板的选材中，不仅要了解覆铜板的性能指标，还要熟悉产品的特点，只有这样才可能在确定板材时获得良好的性能价格比。

（2）印制电路板的形状。印制电路板的形状由整机结构和内部空间的大小决定。其外形应尽量简单，一般为矩形，应避免采用异形板。

（3）印制电路板的尺寸。印制电路板的尺寸应该接近标准系列值，要由整机的内部结构和板上元器件的数量、尺寸、安装及排列方式来决定。元器件之间要留有一定间距，特别是在高压电路中，更应该留有足够的间距；要注意发热元器件安装的散热片占用面积的尺寸；印制电路板的净面积确定后，还要向外扩出5～10mm，便于印制电路板在整机中的安装固定。

（4）印制电路板的厚度。在确定印制电路板的厚度时，主要考虑元器件的承重和振动冲击等因素。如果印制电路板的尺寸过大或印制电路板上的元器件过重，都应该适当增加其厚度或采取加固措施，否则印制电路板容易产生翘曲。按照电子行业的标准，覆铜板材的标准厚度有0.2mm、0.5mm、0.7mm、0.8mm、1.5mm、1.6mm、2.4mm、3.2mm、6.4mm等。当印制电路板对外通过插座连线时，插座槽的间隙一般为1.5mm，如图4-7所示。若板材过厚，则插不进去；若过薄，则容易造成接触不良。

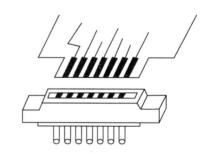

图4-7 印制电路板对外通过插座连线

2．印制电路板尺寸图的设计

对于元器件较多或要求较高的手工印制电路板，可以借助坐标纸来设计，借助坐标格正确地表达印制电路板上印制图的位置。在设计绘制电路板尺寸图时，应根据电路原理图绘制，并考虑元器件布局和布线的要求，即哪些元器件在板内，哪些元器件需要加固、散热、屏蔽，需要多大尺寸；哪些元器件在板外、需要多少板外连线、引出端的位置如何等。

（1）典型元器件的尺寸。典型元器件是指全部要安装的元器件中在几何尺寸上具有代表性的元器件，它是布置元器件时的基本单元。估计完典型元器件的尺寸后，再估计一下其他大元

器件的尺寸，这样就可以估算出整个印制电路板需要多大尺寸。在估算印制电路板的尺寸时，阻容元件、晶体管等应尽量使用标准的跨接接法，这样有利于元器件的成型。

（2）若使用坐标纸，则各元器件安装孔的圆心应在坐标格的交点上；若原理图的元器件较少，则可以直接绘制印刷图草图。

3．根据原理图绘制印刷图草图

（1）选定排版方向及主要元器件的位置。排版方向是指印制电路板上电路从前级向后级电路总的走向，如从左到右或从右至左，这是绘制印制电路板和布线首先要解决的问题。在设计印制电路板时，要给电路板设计统一的电源线和地线，它们与晶体管最好保持一个最佳的位置，并且它们之间的引线要尽量短。

当排版的方向确定以后，应首先确定单元电路及其主要元器件，如集成电路、晶体管等的布局。然后是特殊元器件的布局、对外连接的方式和位置等。最后是体积较小的阻容元件的布局。

（2）绘制不交叉单线草图。原理图的绘制一般以信号流经过程及反映元器件在图中的作用为原则，因此原理图中的交叉现象很多，这对读图毫无影响。但在印制电路板中，交叉现象是绝对不允许的，因此在排版时，首先要绘制不交叉单线草图。线路交叉问题可以通过重新排列元器件的位置和方向来解决，也可以通过元器件引脚间的空间来解决。绘制不交叉单线草图如图 4-8 所示。在复杂的电路中，有时完全不交叉也是不现实的，此时可用飞线解决。

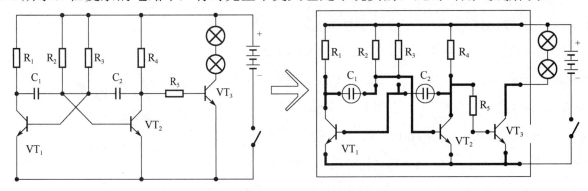

图 4-8　绘制不交叉单线草图

飞线是指在设计印制电路板遇到交叉情况时，可在交叉处切断一根线，从板的元器件面用一根短接线连接。但是，这种飞线过多会影响印制电路板的质量，因此只有在不得已的情况下才偶尔使用。在设计简单的印制电路板时，一般用不到飞线，而复杂的印制电路板设计目前几乎都是通过计算机辅助设计来完成的。

（3）绘制印刷图草图。根据简单的不交叉单线草图，按照元器件的大小，在方格纸上绘出的图称为印刷图草图。它包括元器件实际引脚的位置、有关外接引线的焊盘位置、导线的位置、印制电路板的尺寸和有关安装孔等，它是绘制各种正式图纸的主要依据。

绘制印刷图草图的过程如图 4-9 所示。

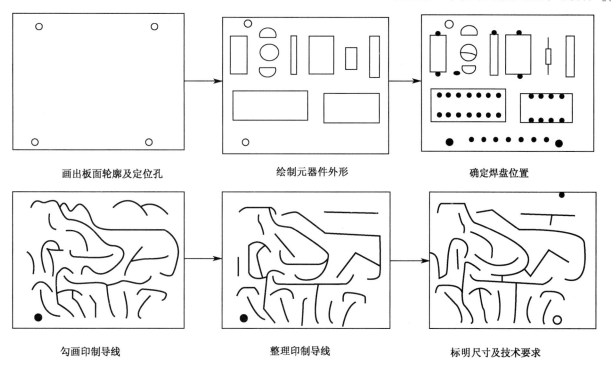

画出板面轮廓及定位孔　　　　绘制元器件外形　　　　确定焊盘位置

勾画印制导线　　　　整理印制导线　　　　标明尺寸及技术要求

图 4-9　绘制印刷图草图的过程

4．正式印制电路板图的设计

设计正式印制电路板图时，应该根据绘制出的排版设计草图绘制。绘制过程中，首先要考虑元器件的封装。元器件的封装可以从元器件手册中查找，也可以根据实物测量。然后，根据得到的元器件的实际封装修改草图中元器件的位置和方向，并进一步确定元器件的外轮廓，以保证给组装留有充分的余量。对于有精度的封装（如集成电路、电解电容器等），一定要注意其精度，否则会给将来的组装带来很大麻烦，甚至设计出的印制电路板没法使用，同时还要注意附加元器件的尺寸大小，如大功率管的散热片等。对于没有尺寸要求的，应尽量使元器件均匀排列。根据草图的设计确定焊盘的大小和印制导线的宽度和走向。在设计简单印制电路板时，印制导线不要做得太细，否则将来在做板时极易出现断线。根据印制电路板的尺寸和安装孔的尺寸确定印制电路板的外轮廓。最后根据 1∶1 的比例将所设计的印制电路板图绘出备用即可。

因为印制电路板最终将用于具体的电子产品，所以应根据产品的实际情况来考虑印制电路板的设计目标。在设计印制电路板时通常需要注意以下事项。

（1）正确性。

准确实现电路原理图的连接关系，避免出现短路和断路这两个简单而致命的错误，这是设计印制电路板最基本、最重要的要求。

（2）可靠性。

印制电路板的可靠性是影响电子整机产品可靠性的一个重要因素，这是印制电路板设计中较高的一个要求。连接正确的印制电路板不一定可靠性好，如板材选择不合理、板材及安装固定不正确、元器件布局不当，这些都可能导致印制电路板不能可靠地工作。从可靠性的角度讲，印制电路板的结构越简单，使用元器件越少，板层数越少，可靠性越高。

（3）合理性。

一个印制电路板组件，从印制电路板的制造、检验、装配、调试到整机装配、调试，直到维修，都与印制电路板设计的合理与否息息相关。例如，若板子形状选得不好，则加工困难；若引脚孔太小，则装配困难；若没留测试点，则调试困难；若板外连接选择不当，则维修困难等。每一个困难都可能导致成本增加，工时延长，而每一个造成困难的原因都源于设计人员的失误。没有绝对合理的设计，只有不断合理化的过程。这需要设计人员在实践中不断总结、积累经验。

（4）经济性。

印制电路板的经济性与上述几方面内容密切相关。可以从生产制造的角度，根据成本分析来选择覆铜板的板材、质量、规格和印制电路板的工艺技术。对于相同的制板面积来说，双面板的制造成本是单面板的 3～4 倍，而多层板至少要比单层板贵 20 倍以上。通常希望厂家印制电路板的制造成本在整机成本中只占有很小的比例。

阅读与思考

心无旁骛创佳绩

彭凤林是一位有着 20 多年印制电路板研发经验的老手。2016 年，他进入某科技股份有限公司工作，虽然在公司的职务是总经理，但他绝大部分时间并不是坐在办公室里，而是在生产一线，带领公司研发团队进行技术攻关和产品研发。

印制电路板的好坏，关键在电镀铜的均匀性。2016 年，公司接到了一份大订单，但是客户要求印制电路板与样品的偏差必须在正负 5%以内。而当时，包括他们在内的许多厂家的印制电路板与样品的偏差普遍在正负 10%以内。为了减少偏差，赢得这份订单，彭凤林从工艺改良和生产管理两方面同时着手，很快就取得了明显成效。

印制电路板的生产需要经过几十个环节，一百多人的手，每个环节的失误都直接影响着产品的品质。在生产过程中，彭凤林要求员工必须严格执行生产管理模式的每一个步骤，任何一个环节都不能有偏差。

不给失败找借口，只给成功找经验。这是彭凤林 20 多年来在工作中的一项基本原则，他是这样要求员工的，更是这样约束自己的。

精益求精是工匠精神最为称赞之处，持之以恒是工匠精神最为动人之处，爱岗敬业是工匠精神的力量源泉。从 2016 年开始，在彭凤林的带领下，公司研发团队一年多的时间里就攻克了二十多项技术难关，其中，不少技术在国内同行业里处于绝对领先的地位。公司产品的质量达到了业内领先水平，赢得了客户的交口称赞。

根据以上信息，认真思考以下问题：

（1）彭凤林身上体现了什么精神？你是如何看待这种精神的？

（2）请结合自己的职业规划，谈谈你未来的打算。

（3）查资料说明印制电路板行业在中国国民经济中的地位如何？占有多大的比重？中国印制电路板产业的发展历程是怎样的？取得的成就和存在的问题分别有哪些？

任务实施

简单印制电路板的绘制

1．任务目标

（1）了解设计印制电路板需要考虑的主要因素。

（2）掌握设计印制电路板的步骤。

（3）掌握印制电路板常用的设计规则。

2．所需器材

（1）工具：铅笔、橡皮、三角板、坐标纸各一个（张）。

（2）器材：设计好的稳压电源电路图一份。

3．完成内容

（1）识读原理图，读懂电路图的电气连接方式。

（2）选择印制电路板。

（3）对照原理图，绘制印制电路板的草图。

（4）测量元器件的外观尺寸。

（5）绘制 1：1 的正式印制电路板图。

4.任务评价

任务检测与评估

检 测 内 容	分　值	评 分 标 准	学 生 自 评	教 师 评 估
识读原理图	10	能正确识读原理图，得 10 分；部分读不懂视情况，扣 3～7 分。扣分不得超过 10 分		
选择合适的板材	10	能选择合适的板材，得 10 分。得分不得超过 10 分		
绘制印制电路板草图	25	少一个元器件，扣 5 分；连接错误一处，扣 5 分。扣分不得超过 25 分		
元器件尺寸的测量	10	一个元器件尺寸错误，扣 5 分。扣分不得超过 10 分		
正式印制电路板的绘图	30	错误一处，扣 5 分。扣分不得超过 30 分		
安全操作	5	不遵守课堂秩序，扣 3～5 分。扣分不得超过 5 分		
现场管理	10	结束后没有整理现场，扣 4～10 分。扣分不得超过 10 分		
合计	100			

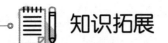

知识拓展

PCB 的计算机辅助设计软件简介

一、PCB 的计算机辅助设计的优点

随着大规模、超大规模集成电路的应用，PCB 的布线越来越紧密复杂。同时，对各种类型 PCB 的需求也越来越大，要求设计制造 PCB 的周期越来越短，质量越来越高。在这种情况下，用传统的手工方式设计和制造 PCB 已显得越来越难以适应目前的生产要求，因此，PCB 的计算机辅助设计应运而生。

PCB 的计算机辅助设计很大程度上避免了传统设计方法的缺点，大大缩短了设计周期，改进了产品质量。手工设计如图 4-10 所示。计算机辅助设计（CAD）如图 4-11 所示，比较两图，可以看出，CAD 精简了工艺标准检查，且修改时可以在同一图样上反复进行，从而缩短了制造环节，提高了工作效率。

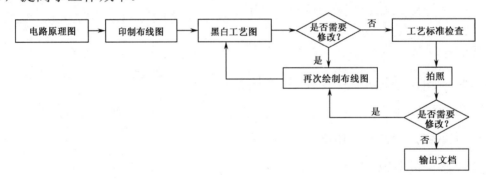

图 4-10   手工设计

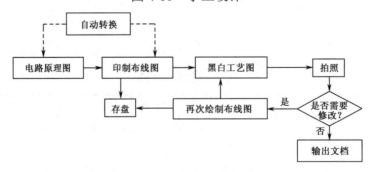

图 4-11   计算机辅助设计（CAD）

二、Protel DXP 2004 的主要性能和特点

近几年来，计算机技术取得了飞速发展，使得硬件的整体性能几呈成几何级增长，PCB 的 CAD 软件也得到了极大发展，其种类也很多。国内市场上常用的软件有 Protel、ORCAD、Proteus 等，其中以 Protel 应用最为广泛。Protel 经历了从 Protel for DOS 到 Protel DXP 2004 的发展历程，Protel DXP 2004 充分发挥了计算机技术的优势，提供了一套完全集成的设计工具，

这些工具能够让用户很容易地从设计概念形成 PCB 设计。Protel DXP 2004 采用了一种新的方法进行 PCB 设计，使用户可以进行任何从概念到完成的任意 PCB 设计而不受设计规格和复杂程度的束缚。Protel DXP 2004 的主要性能和特点如下。

1．全新一代的 EDA 前端设计工具

Protel DXP 2004 建立在独特的设计浏览器集成平台上。设计浏览器允许 Protel DXP 2004 系统的各个模块交互工作在一起，就像操作单一的模块工具一样，界面统一。

2．数模混合电路仿真功能

Protel DXP 2004 能够在原理图输入阶段进行信号完整性分析，有效避免了用户在设计初级阶段存在的问题，极大地提高了用户的工作效率。

3．支持 FPGA（现场可编程门阵列）设计

FPGA 设计具有广泛的适用范围，具备集成度高、逻辑单元灵活、设计体系结构简单等特点，且兼容了 PLD 和通用门阵列的特点。通过不同的编程数据可实现在同一片 FPGA 上实现不同的电路功能，从而实现大规模集成电路的设计。

4．支持 PLD（可编程逻辑器件）设计

PLD 设计是 Protel Technology 公司收购了 Neuro CAD 和 CUPL 公司两家公司后推出的 Protel Advanced PLD 技术。PLD 设计不需要过多了解 PLD 内部结构就可以进行初步设计，且集成了数百万可编程逻辑器件可供使用，使设计变得更加简单

5．以"规则驱动"为核心，提供强大的 PCB 设计工具

Protel DXP 2004 的 PCB 设计系统为用户提供了一个图形化的人机交互设计平台和一系列完备的设计规则及强大且完全可控的参数化设计手段。

6．先进的自动布线功能

Protel DXP 2004 有基于拓扑逻辑路径映射技术的自动布线器，完全摆脱了基于网络、基于形状自动布线技术的正交几何约束。

三、Protel DXP 2004 的 PCB 设计流程

Protel DXP 2004 的 PCB 设计流程如图 4-12 所示，各个步骤简单介绍如下。

1．设计电路原理图

电路原理图的设计是进行 PCB 设计的先期准备工作，是绘制 PCB 的基础步骤。

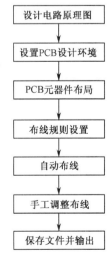

图 4-12 Protel DXP 2004 的 PCB 设计流程

2．设置 PCB 设计环境

这是 PCB 设计的重要步骤。在该步骤中，主要设置 PCB 的尺寸、板层参数、格点大小、形状及布局参数等。

3．PCB 元器件布局

PCB 元器件布局是进行 PCB 布线前的准备工作，主要包括合理安排各元器件的位置。只有对 PCB 进行合理布局，才能方便地进行布线。

4．布线规则设置

该步骤主要设置 PCB 布线时应遵循的各种规则。

5．自动布线

自动布线采用无网格设计，如果设计合理并且布局恰当，系统会自动完成布线。对于简单的电路，系统的自动布线一般可以满足用户要求。

6．手工调整布线

手工调整布线主要用于调整自动布线时的不合理因素。

7．保存文件并输出

保存设计好的各种文件，包括 PCB 文件、元器件清单文件等，然后打印结果并输出。用户还可以根据需要生成光绘文件或通过 PCB 雕刻机直接进行 PCB 制作。

以设计稳压电源 PCB 为例，用 Protel DXP 2004 设计 PCB 的过程，如表 4-1 所示。

表 4-1　用 Protel DXP 2004 设计 PCB 的过程

步　骤	操 作 说 明	图示操作过程
1	打开 Protel DXP 2004，新建 PCB 项目，如右图所示	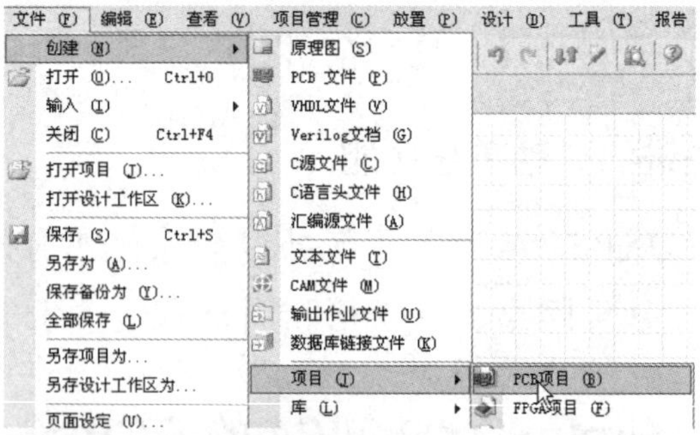
2	将新建 PCB 项目保存到合适的文件夹中，并给项目起合适的名字，如保存到 D 盘，文件夹名称为稳压电源，项目工程文件为稳压电源.PrjPCB	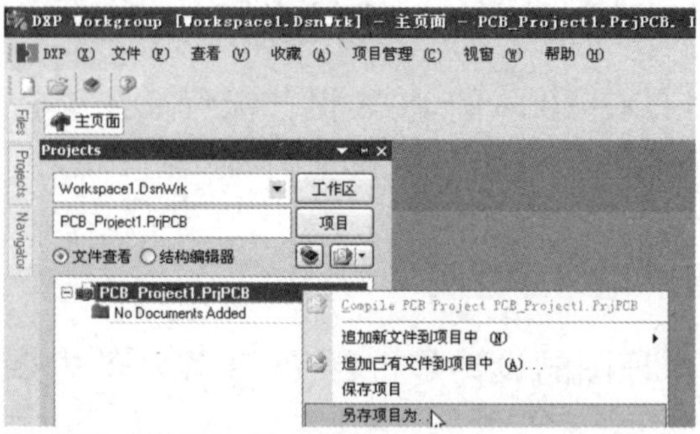

续表

步　骤	操 作 说 明	图示操作过程
3	将鼠标移动到项目文件上，单击鼠标右键，按右图所示追加原理图文件到项目中	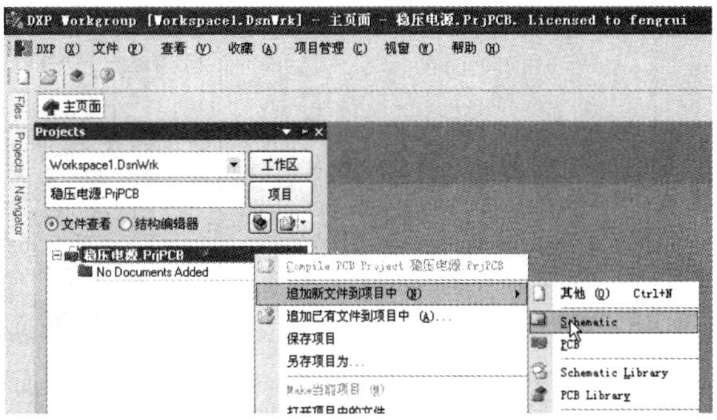
4	用同样的方法追加 PCB 文件到项目中，根据需要还可以增加原理图库文件和 PCB 图库文件到项目中	
5	绘制原理图。绘制原理图时，首先放置元器件，注意放置时要修改其参数和封装。然后调整元器件的位置，再用导线连接它们。最后检查原理图是否有问题，若有问题，则进行修改；若没有问题，则保存原理图。绘制好的稳压电源原理图如右图所示	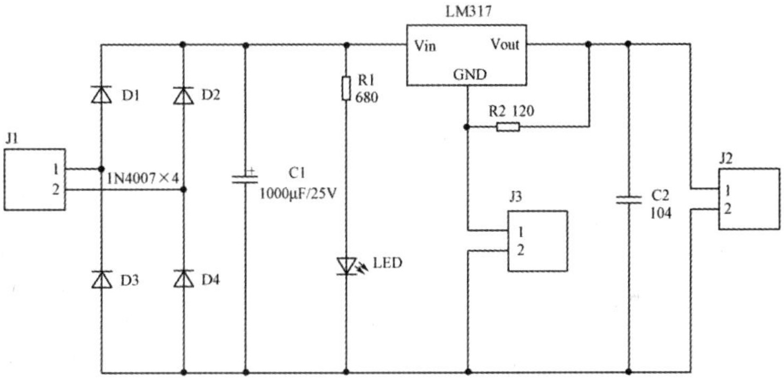
6	将原理图生成 PCB 图：将原理图元件及网络表转入 PCB 图中，其过程是单击原理图中"设计"菜单下的"Update PCB Document 稳压电源.PcbDoc"选项，如右图所示	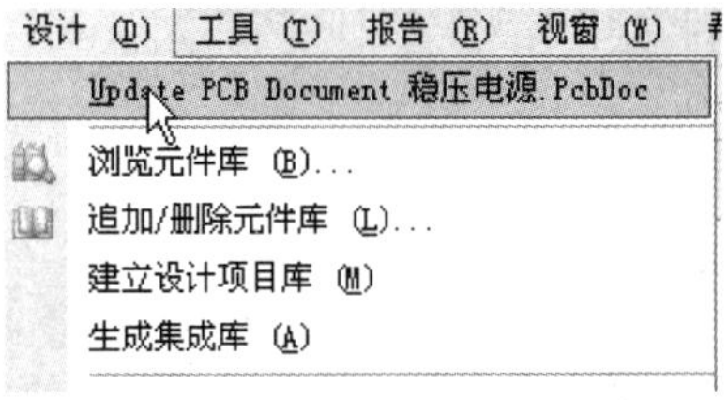
7	在弹出的对话框中，单击"使变化生效"，系统会自动检查原理图文件在转换成 PCB 文件时是否出现问题，若有问题，则需修改原理图；若没有问题，则单击"执行变化"，系统便转换到 PCB 界面	

续表

步　骤	操 作 说 明	图示操作过程
8	在 PCB 界面，元器件及连线（称为飞线）已杂乱地摆放在板上	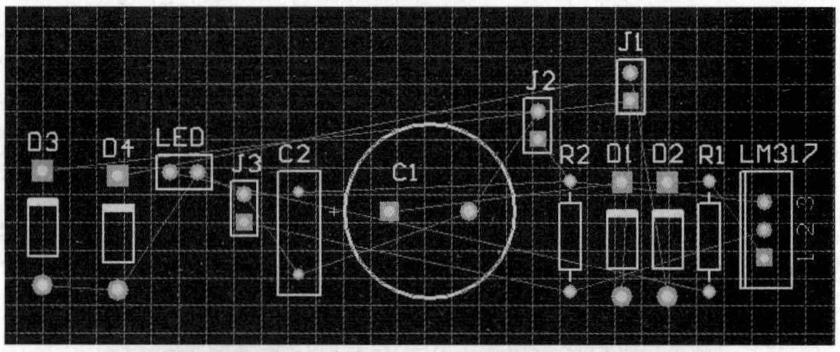
9	元器件布局调整有自动调整和手工调整两种方法，在元器件不多的情况下，一般手工调整就可以满足需要，元器件布局调整后的摆放如右图所示	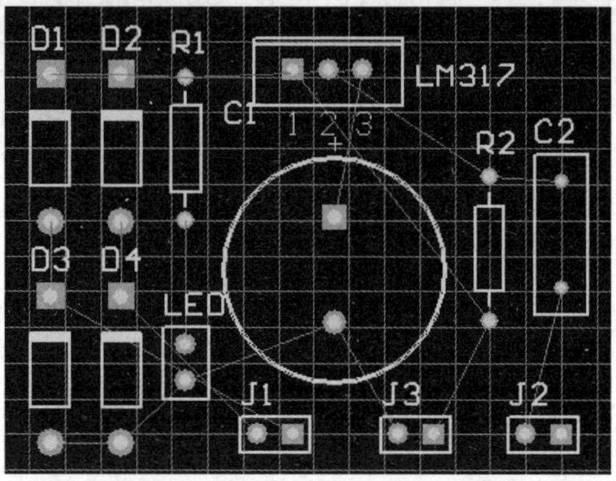
10	设置布线规则。设置的布线规则包括线宽、线间距、板面选择（单面板、双面板）等	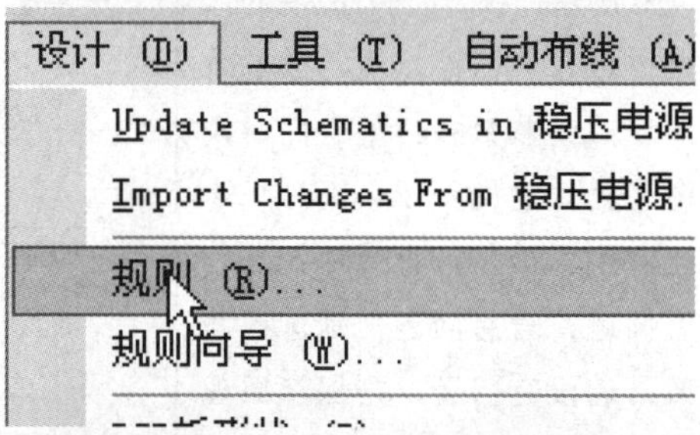 设计 (D)　工具 (T)　自动布线 (A) Update Schematics in 稳压电源 Import Changes From 稳压电源. 规则 (R)... 规则向导 (W)...
11	绘制边框，布线。如右图所示，布线分为自动布线和手工布线两种，常用的方式是自动布线、手工调整，若对右图中的 D2、R1 之间的布线不满意，则可以删除布线，进行手工调整	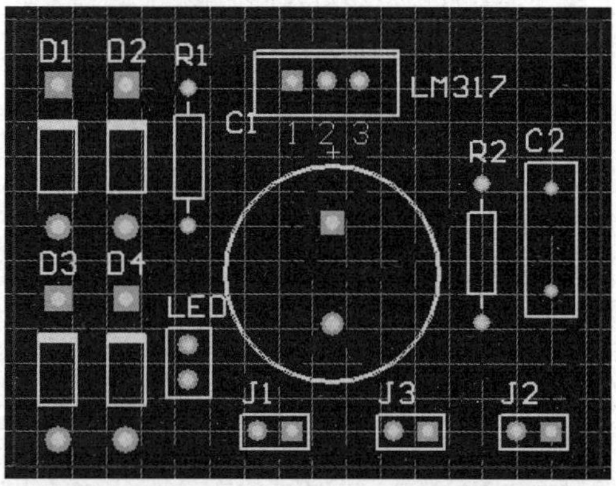
12	手工调整后的布线如右图所示，若对 PCB 的布线不满意，则可以继续调整	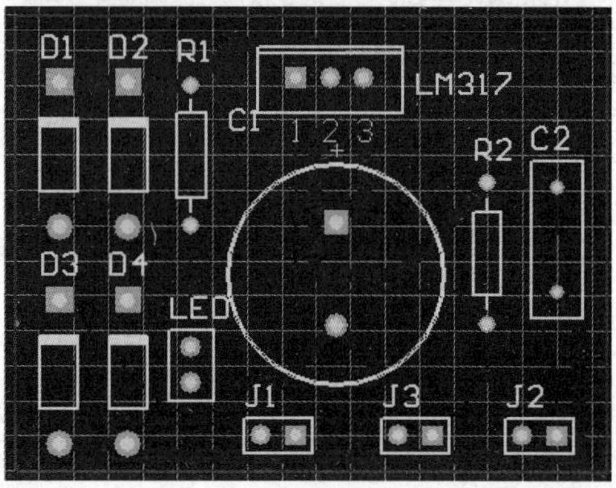

续表

步　骤	操 作 说 明	图示操作过程
13	如果对 PCB 的布线满意，最后进行 PCB 的修饰，如为增加机械强度和导电性而为焊盘增加泪滴效果，为增加机械强度和抗干扰而对印制电路板进行覆铜等。 　　如果对设计的 PCB 比较满意，就可以进行保存、输出打印等设计收尾工作了	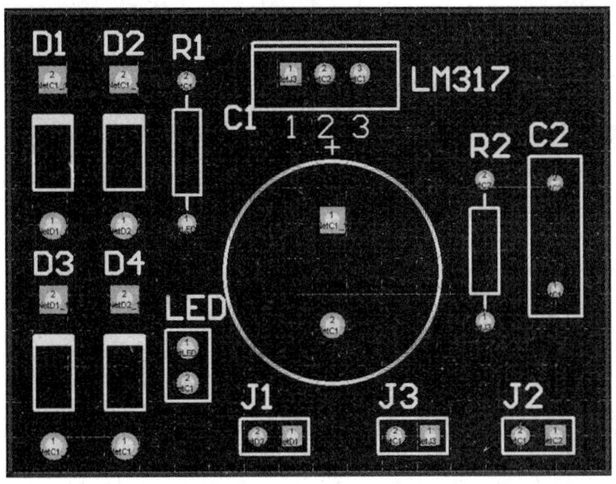 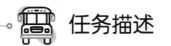

任务二 印制电路板的制作

任务描述

基于鸭嘴笔（或毛笔）、容器（小盆）、筷子、小型手电钻、印制电路板原理图、印制电路板、三氯化铁、油漆（或涂改液）、温水、细砂纸、香蕉水等，按照以下步骤完成印刷电路板的手工制作。

（1）拓图、描图。

（2）腐蚀印制电路板。

（3）去漆。

（4）打孔（钻孔）。

信息收集

在电子产品样机设计尚未成型的实验阶段，或当电子技术爱好者进行业余制作时，经常需要制作少量印制电路板以进行产品分析。如果按照正规的生产印制电路板的工艺和步骤，绘制出印制板电路，再到印制电路板的专业制板厂进行加工制作，这样加工出的印制电路板质量固然很高，但成本比较昂贵，并且加工周期长。因此，学会手工制作印制电路板是学习电子专业的学生应该掌握的一项基本技能。

一、印制电路板机械加工的特点

印制电路板机械加工的对象是覆铜箔层压板。覆铜箔层压板是采用胶黏剂热度绝缘材料和铜箔制成的。绝缘材料主要有两种：一种是玻璃布，另一种是纸基。目前在印制电路行业中使用最多的是环氧玻璃布板。无论是纸基板还是玻璃布板，其机械加工性能都比较差。从它们的结构组成可以看出：它们都具有脆性和明显的分层性，硬度较高，对机械加工的刀具磨损大，板内含有未完全固化的树脂，加工过程中的机械摩擦产生的热会使未完全固化的树脂软化呈黏性，增加摩擦阻力，折断刀具，同时产生腻污，影响加工质量。因此为了提高加工质量，需要采用硬质合金刀具。

二、印制电路板机械加工的分类

印制电路板的外形和各种各样的孔（引线孔、过孔、机械安装孔、定位孔、检测孔等）都是通过机械加工完成的，因此其尺寸精度必须满足一定的要求，并且随着电子技术的发展，对其精度的要求会越来越高。印制电路板的机械加工方法通常有冲、钻、剪、铣、锯等。根据加工零件的形状，可把印制电路板的机械加工分为孔加工和外形加工两类。由于印制电路板的孔和外形加工质量都直接影响印制电路板的机械装配性能和电气连接性能，从而影响到印制电路板的质量，所以机械加工是印制电路板加工中的重要步骤之一。要想获得低成本、质量好的印制电路板，必须根据制造印制电路板所采用的基材、性能、尺寸公差要求、加工数量和加工工艺选择合适的机械加工方法，使其获得最大的经济效益。

1. 孔加工

一般圆形孔的加工有冲和钻两种方法，异形孔的加工有冲、铣和排钻等方法。

冲孔加工需要有冲模来保证，由于冲模成本较高，一次性的先期投入较大，所以冲孔一般只适用于无小孔、孔径精度要求不高、不需要金属化孔的大批量单面印制电路板。手工钻孔一般适用于精度不高、品种多、批量小的印制电路板加工。数控钻孔加工的精度高，适用于大部分印制电路板的加工，可以加工 0.1mm 以上孔径的小孔，但是数控钻孔的设备及加工成本高。

2. 外形加工

外形加工有毛坯加工和精加工。毛坯加工一般采用剪和锯。精加工用于印制电路板成品的外形加工，加工的方法有剪、锯、冲、铣。

在精加工中，剪和锯的成本最低，适用于多品种小批量、精度要求低的场合；冲在大批量生产时是最经济的加工方法，适用于精度要求不高、元器件安装密度不高的单面印制电路板及一些对外形精度要求不高的双面和多层印制电路板。

在选择印制电路板加工方法时，必须根据实际情况综合考虑印制电路板的质量要求及经济性，以在保证印制电路板质量的基础上追求最大的经济利益。

三、印制电路板孔加工的方法及特点

冲孔用于基板材料为纸基板或环氧玻璃布板的单面印制电路板，这些产品大多用于民用产品，如电视机、收音机等。冲孔加工的生产效率很高，适用于大批量的生产。

在覆铜箔层压板上冲孔时，要求尽量减少分层、裂纹等缺陷。其质量控制的关键是孔的结构要素、模具结构和冲孔工艺等因素。单面印制电路板的冲孔加工往往安排在蚀刻之前，这是因为铜箔的增强作用有助于防止裂纹的产生。

1．对被冲孔的结构要求

对于被冲的孔，必须力求使其产生的缺陷最少。结构工艺最好的孔是圆形孔，其次是椭圆孔。

印制电路板被冲孔的结构工艺性还取决于孔间距离和孔与印制电路板周边的距离。一般孔间距为板厚的 2/3，孔与印制电路板周边的距离为板厚的 1/3。冲制大量的印制电路板孔时应力求使边距、孔间距尺寸大一些；当孔间距接近最小值时，必须在模具结构上采取措施，以减少层压板冲孔时分层的产生。

2．材料的预热

如果将纸基板材料在冲压前预热至 80～90℃，就会改善印制电路板的表面冲切质量。通常在红外线烘箱中预热，加热时间与材料厚度有关，每毫米加热 5～8min。若加热过度，则材料会把凹模孔堵死而造成故障。环氧玻璃布板不需要加热。

3．钻孔

印制电路板上各种形状的孔都可以通过钻孔来加工。钻孔的方法有很多种，手工操作的单轴钻床钻孔和数控钻床钻孔都是可供选择的方法。但是无论选用哪种方法，都必须保证孔的质量。通常金属化孔的质量要求更高，应满足如下的要求。

（1）孔壁应光滑，无毛刺，孔边缘无翻边，基材无分层。

（2）钻出的孔与焊盘应保证一定的公差，且钻出的孔必须在焊盘中心位置上，如果位置不准确，就有可能造成电路图形对位不准，严重时甚至产生断路或短路。

（3）对多层板的金属化孔有更高的要求，除了满足（1）外，还要求金属化铜层均匀完整，镀层不允许有严重氧化现象，不能留有杂物。

四、印制电路板外形加工的方法及特点

印制电路板的外形加工也很重要，它是保证正确的电气和机械安装的重要条件。印制电路板的外形加工可根据印制电路板外形、加工数量、层数和材料的不同，选择不同的加工方法。常采用的方法有下列几种。

1．剪切加工

这种加工方法是采用剪床进行的。剪切加工既可用于下料，也可用于外形加工。用剪床加工印制电路板的外形，是以边框线作为加工基准的。剪切加工只能加工直线外形，异形部分可

用冲床和铣床加工。对于品种多、数量少、对外形尺寸要求不高的印制电路板常采用这种方法，它的缺点是精度差，有时加工后还需要用砂纸磨光。

2．冲压加工

根据冲床落料所加工印制电路板的厚度、外形尺寸合理地设计冲头和凹模之间的间隙，可得到具有一定精度的外形尺寸。

若采用一次冲孔落料模，则可以采用复合模结构。冲压加工的生产效率高，加工印制电路板的一致性好，适合于大批量生产。冲压加工通常要求定位精度高。

3．铣床加工

这种加工方式比较灵活，适用于自动化生产。由于铣刀是圆柱形的，所以在设计印制电路板的外形和异形孔时，必须允许转角处的过渡圆弧大于或等于最小铣刀半径。用数控铣床加工印制电路板的外形，加工精度高，可加工出各种形状、尺寸的印制电路板。数控铣床加工适用于生产批量大、形状复杂、精度要求高的印制电路板的铣削。工作台或转轴的移动由程序自动控制，操作者只需按印制电路板的外形尺寸编制程序和往数控工作台上装卸印制电路板即可。

五、手工制作印制电路板的方法和步骤

手工制作印制电路板的方法有描图法、雕刻法、贴图法、热转印法等。表 4-2 所示为用描图法手工制作印制电路板的步骤。

表 4-2　用描图法手工制作印制电路板的步骤

步　骤	操　作　步　骤	图　示
腐蚀前的准备	剪板：按照实际尺寸剪裁覆铜板 清板：去除板四周的毛刺，清除板面污垢 拓图：用复写纸将已设计好的印制图拓在覆铜板上 描图：用稀稠合适的油漆描图，描好后置于室内晾干 修整：趁油漆未完全干透的情况下进行修整，把图形中的毛刺或多余的油漆刮掉	
腐蚀	当油漆晾干后，把印制电路板放到三氯化铁水溶液中，注意掌握溶液浓度、温度和腐蚀时间。在腐蚀过程中，可以慢慢地搅动，以加快腐蚀速度。待完全腐蚀后，取出腐蚀好的覆铜板用水冲洗	
去漆	用香蕉水清除漆膜。也可在此之前先用刀片刮掉漆膜，这样可以加快去漆速度	

续表

步　　骤	操 作 步 骤	图　　示
钻孔	按要求对腐蚀好的印制电路板钻孔，对于要求高的孔，最好先打好样孔。钻孔时用力不要过大、过快，以免移位或折断钻头	
修板	用细砂纸（0 号砂纸）清除毛刺，清除污物，用水冲净、晾干	
涂助焊剂	当印制电路板晾干后，立即涂上助焊剂（松香水），备用	

用描图法手工制作印制电路板的方法简单易学，材料容易购买且价格便宜，但用这种方法制作的印制电路板的走线精度不高，不适宜制作走线密集要求高的印制电路板。

目前，随着科技的发展和办公条件的改善，采用热转印法制作印制电路板的方法日益普遍。其过程可以简单叙述为：用计算机设计印制电路板，设计好以后再直接用激光打印机将印制电路板图打印在热转印纸上（注意打印反图），通过加热方法把图形拓印在覆铜板上，再进行腐蚀、去漆等制板工艺。这种方法省去了描图、修正这一复杂而又费工的过程，其特点为制板精度高，速度快、成本低。

六、制作印制电路板的实用技巧

（1）描图时可以用油漆，也可以使用酒精松香溶液、油性记号笔或涂改液。

（2）腐蚀液可用三氯化铁溶液（三氯化铁和水按 1∶2 配制），也可以用过硫酸钠溶液（过硫酸钠和水按 1∶3 配制），溶液量能淹没印制电路板即可。

（3）腐蚀温度在 40～50℃之间为宜，腐蚀时用长毛软刷或废旧毛笔往返均匀轻刷印制电路板可以加快腐蚀速度。

阅读与思考

十年磨一刀

某大学做"刀"匠人王成勇，做各式的刀具、切割各式的材料，专注做好一件事，让中国制造创造出美好生活。

10 多年前，王成勇发现电子产品集成化、微型化、高性能化的发展趋势愈发明显，这对高端印制电路板制造工艺提出了更高的要求。高端印制电路板被誉为"电子工业的基石"，从手机到电脑、高铁等高端装备，都离不开电路板。只有做到孔越小越密集，信号传输能力才越强。如何在几十层甚至上百层的电路板间打出钻孔？如何在更加密集排布的电路板中实现精细化操作？王成勇带领团队协同多家企业，一干就是10余年。解决了微细钻头易磨损、易折断、微孔群加工质量差、效率低等行业难题，产生了行业领先的纳米硬质合金微细刀具材料、微细刀具设计制造和高端印制电路板规模化生产工艺技术。这些工艺技术在多个知名高端印制电路板企业得到广泛应用，满足了高铁、超级计算机、高性能服务器、新能源汽车、消费电子等对高端印制电路板的迫切需求。

可谓是"十年磨一刀"。如今，王成勇的实验室成果丰硕："高端印制电路板高效高可靠性微细加工技术与应用"获国家科学技术进步二等奖、中国机械工业科技一等奖；"难加工脆性碳素零部件的高速精密加工关键技术及应用"获广东省科学技术奖一等奖。

根据以上信息，认真思考以下问题：

（1）"十年磨一刀"体现了王成勇团队什么样的精神？对你有什么启发？

（2）查相关资料，说说近五年来我国印制电路板行业的发展现状及趋势。

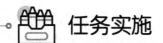

任务实施

手工制作印制电路板

1. 任务目标

（1）掌握拓图、描图的方法。

（2）掌握腐蚀印制电路板的方法。

（3）掌握去漆、钻孔的方法。

手工制作印制电路板

2. 所需器材

（1）工具：鸭嘴笔（或毛笔），容器（小盆）、筷子、小型手电钻各一个。

（2）器材：印制电路板图、印制电路板各一个；三氯化铁、油漆（或涂改液）、温水、细砂纸、香蕉水适量。

3. 完成内容

依据"信息收集"里面的相关知识，完成以下内容：

（1）用细砂纸清理印制电路板上的污垢和毛刺。

（2）拓图、描图。

（3）配制三氯化铁溶液，腐蚀印制电路板。

（4）去漆。

（5）钻孔、修板、涂助焊剂。

4.任务评价

任务检测与评估

检 测 内 容	分 值	评 分 标 准	学 生 自 评	教 师 评 估
拓图	10	根据拓图情况酌情给分。得分不得超过10分		
描图	15	根据描图质量酌情给分。得分不得超过15分		
修整	5	根据修整情况酌情给分。得分不得超过5分		
腐蚀印制电路板	20	根据腐蚀质量和速度酌情给分。得分不得超过20分		
去漆	10	根据去漆情况酌情给分。得分不得超过10分		
钻孔	10	根据钻孔情况酌情给分。得分不得超过10分		
修板、涂助焊剂	10	根据修板、涂助焊剂情况酌情给分。得分不得超过10分		
安全操作	10	不按照规定操作，扣4~10分。扣分不得超过10分		
现场管理	10	结束后没有整理现场，扣4~10分。扣分不得超过10分		
合计	100			

任务三 SMT印制电路板的设计

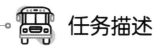
任务描述

基于已有的电路原理图，利用计算机完成以下任务。

（1）识读原理图，读懂电路图的电气连接方式。

（2）选定 SMT 印制电路板的材料、厚度和板面尺寸。

（3）对照原理图，绘制 SMT 印制电路板的草图。

（4）测量元器件的外观尺寸。

（5）绘制 1∶1 的正式 SMT 印制电路板图。

信息收集

SMT 工艺是指利用钎料或焊膏在元器件与电路板之间构成机械与电气两方面的连接，其主要优点在于尺寸小、质量轻、互连性好；高频电路的性能好，寄生阻抗显著降低；抗冲击力与振动性能好。采用 SMT 工艺时引线不需穿过电路板，可避免产生由引线接收的，或者由辐射得来的干扰信号，进而提高电路的信噪比。

一、SMT 印制电路板的材料选择

印制电路板基材主要有两大类：有机类基板材料和无机类基板材料，使用最多的是有机类基板材料。层数不同，使用的印制电路板基材也不同，如 3~4 层板要用预制复合材料，双面板则大多使用玻璃–环氧树脂材料。无铅化电子组装过程中，由于温度升高，印制电路板受热时发生弯曲的程度加大，故在 SMT 元器件中要求尽量采用弯曲程度小的板材，如 FR-4 等类型的基板。由于基板受热后的胀缩应力对元器件产生的影响会造成电极剥离，降低可靠性，故选材时还应该注意材料的膨胀系数，尤其是当元器件的尺寸大于 3.2mm×1.6mm 时要特别注意。

二、SMT 印制电路板的元器件布局

1．元器件的布局

对于元器件的布局，应注意以下几点。

（1）板面元器件分布应尽可能均匀（热均匀和空间均匀）。

（2）元器件应尽可能朝同一方向排列，以便减少焊接不良的现象。

（3）元器件间的最小间距应大于 0.5mm，避免温度补偿不够。

（4）PLCC、SOIC、QFP（几种封装工艺）等大器件周围要留有一定的维修、测试空间。

（5）功率元器件不宜集中，要分开排布在印制电路板边缘或通风、散热良好的位置。

（6）贵重元器件不要放在印制电路板边缘、角落或靠近插件、贴装孔、槽、拼板切割、豁口等高应力集中区，以减少开裂或裂纹。

2．元器件的方向

对于元器件方向，应注意以下几点。

（1）所有无源元器件要相互平行。

（2）SOIC 与无源元器件的较长轴要互相垂直。

（3）无源元器件的长轴要垂直于波峰焊接机传送带的运动方向。

（4）有极性的表面组装元器件应尽可能以相同的方向放置。

（5）在焊接 SOIC 等多引脚元器件时，应在焊料流方向最后两个焊脚处设置窃锡焊盘或焊盘面积加位，以防止桥连。

（6）类型相似的元器件应该以相同的方向排列在印制电路板上，使得元器件的贴装、检查和焊接更容易。

（7）采用不同组装工艺时，要考虑元器件的引脚及质量，防止掉件或漏焊。例如，波峰焊接面上的元器件需能承受 260℃的高温，因此不能安放四边有引脚的器件。

三、SMT 印制电路板的线路及焊盘设计

1．线路的电气设计要求

（1）引脚中心距内过线原则。低密度要求在 2.54mm 引脚中心距内穿过 2 条线径为 0.23mm 的导线；中密度要求在 1.27mm 引脚中心距内穿过 1 条线径为 0.15mm 的导线；高密度要求在 1.27mm 引脚中心距内穿过 2~3 条更细的导线。

（2）印制电路板线条的宽度要求尽量一致，这样有利于阻抗匹配。从印制电路板的制作工艺来讲，宽度可以做到 0.3mm、0.2mm 及 0.1mm，但随着线条变细，间距变小，生产过程中的质量将难以控制。因此，选用 0.3mm 线宽和 0.3mm 线间距的布线原则是比较适宜的。

（3）尽量走短线，特别是对小信号电路来讲，线越短电阻越小，干扰越小，同时耦合线长度应尽量减短。

（4）电源线、地线设计原则。走线面积越大越好，以利于减少干扰。对于高频信号线，最好使用地线屏蔽。大面积的电源层、地线层要相邻，其作用是在电源和地之间形成一个电容器，起到滤波作用。

2．焊盘的设计

目前表面组装元器件还没有统一标准，不同国家、不同厂商所生产的元器件外形封装都有差异，因此在设计焊盘尺寸时，焊盘的长度、宽度应与自己所选用元器件的外形封装、引脚等相适应。常用的焊盘设计可以参考一些电子行业工艺标准的汇编。

设计焊盘时应遵循以下几点。

（1）对称使用的焊盘，设计时应严格保持其全面的对称性，即焊盘图形的形状与尺寸应完全一致。

（2）对于同一种元器件，应以封装尺寸的最大值和最小值为参数来计算焊盘尺寸，从而保证设计结果的适用范围。

（3）设计焊盘时，焊点的可靠性主要取决于长度而不是宽度。

总之，SMT 印制电路板的设计是一个比较复杂而又精细的工作，需要掌握更多的设计知识和 SMT 的新技术才能完成。

四、SMT 元器件的封装

SMT 所涉及的零件种类繁多，常见的有标准零件和 IC 类零件。标准零件是在 SMT 发展过程中逐步形成的，主要是针对用量比较大的元器件，如电阻器（R）、排阻（RA 或 RN）、电感器（L）、陶瓷电容器（C）、排容（CP）、钽质电容器（C）、二极管（VD）、三极管（VT）等；传统 IC 类零件有 SOP、SOJ、QFP、PLCC 等。在印制电路板上可根据代码来判定其零件类型，一般来说，零件代码与实际装的零件是相对应的。

1．标准零件

1）零件规格

随着 SMT 的发展，零件规格至今已经形成了一个标准系列，各零件供货商皆是按这一标准来制造的。

标准零件的尺寸规格有英制与公制两种，如英制表示法有 1206、0805、0603、0402 等。前两位表示零件的长，如 12 表示为 0.12inch（英寸）；后两位表示零件的宽，如 06 表示 0.06inch。

对应的公制表示法是 3216、2012、1608、1005 等。同样，前两位表示零件的长，如 32 表示 3.2mm；后两位表示零件的宽，如 16 表示 1.6mm。习惯上用英制表示的更多。例如，0805 表示零件长为 0.08inch，宽为 0.05inch，换算成公制长为 2mm，宽为 1.2mm。

英制和公制的换算关系为：1inch＝25.4mm。

2）标准零件的封装

（1）电阻器。最为常见的有 0805、0603 两类。

（2）电阻器封装的大小和电阻器的标称功率有关，常用的电阻器封装和功率的对应关系如表 4-3 所示。

表 4-3　常用的电阻器封装和功率的对应关系

封　　装	0402	0603	0805	1206	1210	1812	2010	2512
功率（W）	1/16	1/10	1/8	1/4	1/3	1/2	3/4	1

（3）电容器。电容器可分为无极性和有极性两类。无极性电容器常见的有 0805、0603。

（4）二极管。根据所承受电流的限度，二极管的封装形式大致分为两类：小电流型（如 1N4148），封装为 1206；大电流型（如 IN4007），暂时没有具体封装形式，只能给出具体尺寸，即 5.5mm×3mm×0.5mm。

2．IC 类零件

业界一般用 IC 的封装形式来划分其类型，传统 IC 有 SOP、SOJ、QFP、PLCC 等，现在比较新型的 IC 有 BGA、CSP、FLIP CHIP 等，这些零件类型因其 PIN（元器件引脚）的多少、大小及 PIN 与 PIN 之间的间距不同，而呈现出各种各样的形状。常见的基本 IC 类型有以下几种。

（1）SOP：元器件两面有脚，脚向外张开（一般称为鸥翼形引脚）。

（2）SOJ：元器件两面有脚，脚向零件底部弯曲（J 形引脚）。

（3）QFP：元器件四边有脚，脚向外张开。

（4）PLCC：元器件四边有脚，脚向零件底部弯曲。

（5）BGA：元器件表面无脚，脚成球状矩阵排列于元器件底部。

SMT 元器件的封装内容非常复杂，读者可以查阅相关资料，图 4-13 所示为 SMT 元器件的常用封装。

无极性元器件　　　　　SOT　　　　　　　SOP　　　　　　　SOJ

图 4-13　SMT 元器件的常用封装

| 极性元器件 | QFP | PLCC | BGA |

图 4-13 SMT 元器件的常用封装（续）

五、SMT 印制电路板的设计步骤

SMT 印制电路板的设计步骤和通孔元器件印制电路板的设计步骤几乎一样,但由于 SMT 元器件较小且引脚位置固定,所以对 SMT 元器件焊盘的位置要求远高于对通孔元器件焊盘的位置要求,再加上引脚排列密集等原因,目前的 SMT 印制电路板的设计几乎都由计算机来完成。

下面以单片机构成的八路抢答器设计为例,简要说明 SMT 印制电路板设计的主要步骤。

1．绘制原理图（八路抢答器）

八路抢答器的原理图如图 4-14 所示。

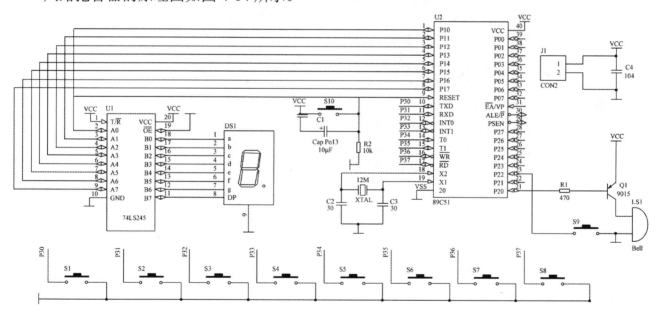

图 4-14 八路抢答器的原理图

2．组件库的创建

电阻器、无极性电容器、三极管、集成电路 74LS235 采用 SMT 元器件,其他采用通孔元器件。据此创建组件库,若系统组件库已包含所用元器件,则本步可省略。SMT 元器件的封装如图 4-15 所示。

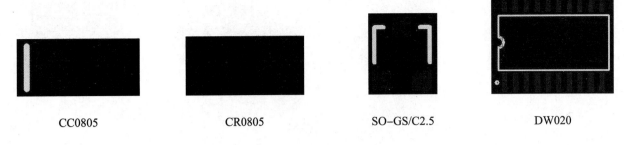

CC0805　　　　　　　CR0805　　　　　　　SO–GS/C2.5　　　　　　DW020

图 4-15　SMT 元器件的封装

3. 建立原理图与印制电路板上组件的网络连接

参考本项目任务一中"知识拓展"的相关内容。

4. 布局和布线

参考本项目任务一中"知识拓展"的相关内容。

5. 设计的扫尾工作（覆铜、保存、打印输出等）

参考本项目任务一中的相关知识。

八路抢答器印制电路板如图 4-16 所示。

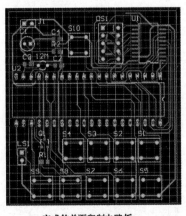

完成的单面印制电路板

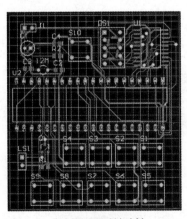

完成的双面印制电路板

图 4-16　八路抢答器印制电路板

注意事项

　　在 SMT 印制电路板的设计过程中，要确保电路原理图中的组件图形与实物相一致，还要确保电路原理图中线路连接的正确性；安装孔、插头、定位孔、基准点，以及各种组件的摆放位置等都要满足要求，同时要便于安装、系统调试及通风散热。

阅读与思考

鬼斧神工

　　云南通海县的木匠高应美大师有一手镂空雕刻的绝活，他雕的格子门有"通海国宝"的美称，其中有小新村三圣宫雕的六扇格子门。而且他一干就是整整十七年。

雕门分为三个阶段。第一阶段是粗活，第二阶段是细活，第三阶段是最后的打磨。高大师定了一个特别的规矩，按照刀削斧斫下的木渣重量来计算酬金。粗活的工钱是一两木渣一两银，细活的工钱是一两木屑二两银，打磨（第六层镂空）的工钱居然是一两木粉一两金。世人为此感到惊奇。

高大师为达到"木屑兑金银"的期望，做的第一件事是挑选上好的磨刀石，再以此打磨雕刻工具。他使用的木雕工具超过了一百种，每件工具都是他亲手精心制作而成，其中最小的工具仅有头发丝那么粗。光是准备工具，高大师就花费了三年之久。

木门板只有七厘米厚，在如此狭小的空间里镂空六个层次的浮雕，是件极其困难的事。因为寻常高手也只能在木格子门上雕刻两三层镂空图案。

这六层浮雕涵盖了 180 多个神态各异且肌理入微的人物，还有战马、腾龙、花、鸟、树、石、山、水、楼宇等景物。里面还暗藏了竹叶诗，远看是茂盛的竹林，近看是"水绕楼船起圣宫，双龙发脉势丰隆，春山拥翠千年秀，不赖丹青点染工"的 28 字诗歌。这些拥有层次分明错落有致的布局，具有极高的艺术美感与工艺难度，所以，高大师每一刀一斧都要停顿很久，胸有成竹了才敲下去。由此产生的一渣一屑，都是经过反复精确计算的舍弃，不多不少，分毫不差，里面饱含着大师级木匠的深思熟虑。

最后的工序是贴金。光是制作薄如蝉翼的金箔，高大师就花了一年工夫。然后，他选择没有风雨且阳光正合适的天气施工，用头发做成的刷子把金箔小心翼翼地刷在六扇格子门上。按照他的标准，每一片金箔之间绝不能看见一丝接头的痕迹。刷金箔时的动作必须轻巧到大气都不准呵出。

鬼斧神工——除了这四个字，我们很难找到更合适的词语来形容高应美大师的诚意之作。

根据以上信息，认真思考以下问题：

（1）高应美大师为了做出毫无瑕疵的精品，愿意付出常人不敢相信的代价，对他来说，品质就是生命。结合此故事，从工匠的角度谈谈你的理解。

（2）SMT 印制电路板的设计也像雕刻工艺一样，是不容许有瑕疵的。你是如何设计 SMT 印刷电路板的？

任务实施

SMT 印制电路板的设计（原理图根据实际情况自定）

1. 任务目标

（1）掌握设计 SMT 印制电路板的步骤。

（2）掌握 SMT 印制电路板常用的设计规则。

2．所需器材

（1）工具：计算机一台。

（2）器材：电路原理图一份和与之配套的元器件一套。

3．完成内容

（1）识读原理图，读懂原理图的电气连接方式。

（2）选定 SMT 印制电路板的材料、厚度和板面尺寸。

（3）对照原理图，绘制 SMT 印制电路板的草图。

（4）测量元器件的外观尺寸。

（5）绘制 1∶1 的正式 SMT 印制电路板图。

4．任务评价

任务检测与评估

检 测 内 容	分　　值	评 分 标 准	学 生 自 评	教 师 评 估
识读原理图	10	读不懂原理图，视情况得 3～7 分。得分不得超过 10 分		
选择合适的板材	10	选材不合适，扣 3～7 分。扣分不得超过 10 分		
绘制印制电路板草图	25	少一个元器件扣 5 分；连接错误一处扣 5 分。扣分不得超过 25 分		
元器件尺寸的测量	10	元器件尺寸误差较大，每个扣 5 分。扣分不得超过 10 分		
正式印制电路板的绘图	30	每处错误扣 5 分。扣分不得超过 30 分		
安全操作	5	不遵守课堂秩序扣 3～5 分。扣分不得超过 5 分		
现场管理	10	结束后没有整理现场，扣 4～10 分。扣分不得超过 10 分		
合计	100			

电子元器件的插装与焊接

电子元器件的插装与焊接是印制电路板手工装配工艺的基本技能；了解生产企业的自动化焊接技术，熟悉焊点的基本要求和质量验收标准，是保证电子产品质量的关键。本项目主要介绍元器件引脚的加工和插装、手工焊接技术（含贴片安装），并在此基础上进一步介绍自动化焊接的工艺流程及生产设备。

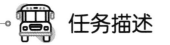

任务一 元器件的插装

任务描述

基于镊子、小螺丝刀、尖嘴钳、引脚成型模具等工具；电阻器、二极管、三极管、极性电容器、非极性电容器等若干只电子元器件；黏合剂、绑扎线、金属支架等辅助材料；印制电路板一块，完成以下任务。

（1）电阻器、二极管、电容器的引脚整形.

（2）三极管的引脚成型加工。

（3）元器件的插装。

信息收集

在安装元器件前应熟悉其安装位置特点及工艺要求，并预先将元器件的引脚加工成一定的形状。成型后的元器件既便于插装，又方便焊接，同时也能够加强元器件安装后的防振能力，保证电子设备的可靠性。

元器件引脚加工

一、元器件引脚的加工技术

工厂在大批量生产元器件时，其引脚加工成型往往用自动折弯机、手动折弯机等专用设备来完成，但在少量元器件加工或无专用成型机的条件下，为了保证元器件引脚成型质量和成型的一致性，可使用镊子、尖嘴钳等工具或简易模具来完成。

1．引脚的校直

元器件的引脚可用尖嘴钳、平口钳或镊子进行简易手工校直，或使用专用设备校直。在校直过程中，不可用力拉扭元器件引脚，且校直后的元器件也不允许有伤痕。

💡 **注意事项**

凡有标记的元器件，引脚成型后，其标称值应处于查看方便的位置，以便于检查和维修。

2．手工折弯元器件引脚

手工折弯元器件引脚的示意图如图 5-1 所示。用带圆弧的长嘴钳或医用镊子靠近元器件引脚根部，按折弯方向移动引脚即可。

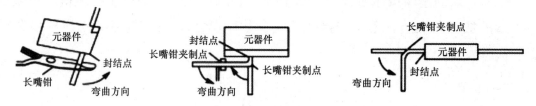

图 5-1　手工折弯元器件引脚的示意图

3．专用模具折弯元器件引脚

专用模具折弯元器件引脚的示意图如图 5-2 所示。在模具的垂直方向上开有供插入元器件引脚用的长条形孔。将元器件引脚从上方插入成型模的长孔后，再插入成型插杆，引脚随即成型。然后拔出成型插杆，将元器件从水平方向移出即可。

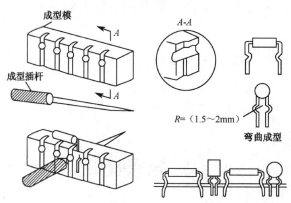

图 5-2　专用模具折弯元器件引脚的示意图

4．折弯成型元器件

折弯成型元器件时，尺寸应符合工艺要求。可用手工或专用模具折弯。常见的元器件引脚加工形状如图 5-3 所示。其中图 5-3（a）所示为卧式安装的折弯成型方法，它要求引脚折弯处距离引脚根部的距离大于或等于 2mm，弯曲半径大于引脚直径的 2 倍，以减小机械应力，防止引脚折断或被拔出；图 5-3（b）为直式安装的折弯成型方法，要求 $h > 2mm$，$A > 2mm$，R 大于或等于元器件的直径；图 5-3（c）为集成电路引脚成型的方法。

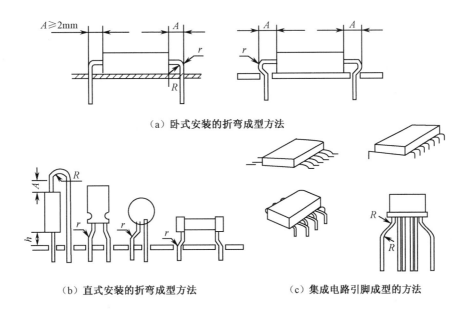

（a）卧式安装的折弯成型方法

（b）直式安装的折弯成型方法　　（c）集成电路引脚成型的方法

图 5-3　常见的元器件引脚加工形状

二、元器件的插装形式

元器件插接

　　元器件种类繁多，结构不同，引脚线也多种多样，因此其插装形式也有差异，但它们都必须由产品的要求、结构特点、装配密度及使用方法等来决定。一般有以下几种插装形式。

1．贴板插装

　　贴板插装如图 5-4 所示。它适用于防振要求高的产品。元器件紧贴印制电路板基面，安装间隙小于 1mm。当元器件为金属外壳，安装面又有印制导线时，应加垫绝缘衬垫或套绝缘套管，以防短路。

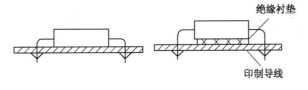

图 5-4　贴板插装

2．悬空插装

　　悬空插装如图 5-5 所示。它适用于发热元器件的安装，元器件距印制电路板基面有一定的高度，以便散热。其插装距离一般在 3～8mm。

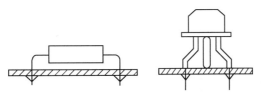

图 5-5　悬空插装

3．埋头插装

埋头插装也称倒装或嵌入式插装，如图 5-6 所示。这种形式的插装将元器件的壳体埋于印制电路板的嵌入孔内，可提高元器件的防振能力，降低安装高度。

4．直立插装

直立插装如图 5-7 所示。它适用于安装密度较高的场合，元器件垂直于印制电路板基面，但对质量重且引脚线细的元器件不适宜采用这种形式。

5．有高度限制时的插装

有高度限制时的插装如图 5-8 所示。它适用于有一定高度限制元器件的插装。通常的处理方法是先将元器件垂直插入，再沿水平方向弯曲。对于大型元器件，应采用胶黏、捆绑等措施，以保证有足够的机械强度，经得起振动和冲击。

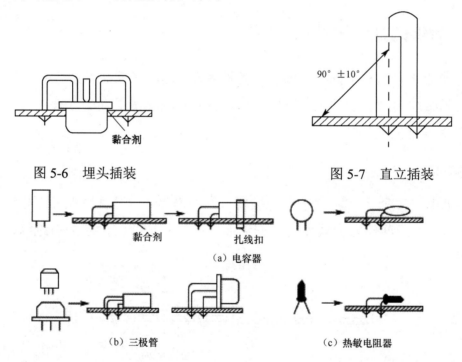

图 5-6　埋头插装　　　　　　　图 5-7　直立插装

（a）电容器

（b）三极管　　　　　　　　　（c）热敏电阻器

图 5-8　有高度限制时的插装

6．支架固定插装

支架固定插装如图 5-9 所示。它适用于小型继电器、变压器等质量较重的元器件。一般先用金属支架将它们固定在印制电路板上，再焊接。

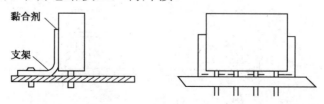

图 5-9　支架固定插装

三、元器件插装的工艺要求

在印制电路板上按照安装布线图插装的元器件应符合装配工艺要求，基本原则如下。

（1）元器件的标识方向应一致、朝上或朝外、易看见。

（2）有极性的元器件，如极性电容器、二极管、三极管等的极性不能装反。

（3）安装高度符合规定要求，同一规格的元器件应尽量安装在同一高度上。

（4）外观和封装相同而型号不同的元器件，如继电器、电阻器、三极管、电容器等的安装位置应正确，不能装错。

（5）安装顺序一般为先低后高，先小后大，先轻后重，先一般元器件后特殊元器件。

四、常用元器件的插装注意事项

1．电容器的插装

插装陶瓷电容器时，要注意其耐压级别和温度系数。插装可变电容器、微调电容器时也会遇到极性问题，要注意让动片那一极接地焊盘，不能颠倒，否则调节时人体附加上去的分布电容将会使得调节无法进行。插装有机薄膜介质的可变电容器时，要将动片全部旋入后再焊接，要尽量缩短焊接的时间。插装铝质电解电容器、钽电解电容器时，其极性不能接反，否则将会增大损耗，尤其是铝质电解电容器，极性接反将会使其急剧发热，引起鼓泡、爆炸。

2．二极管、三极管的插装

二极管的引脚有正、负极之分，插装时不能插反。插装各种三极管时，要注意分辨它们的型号、引脚次序（极性），以及防止在插装、焊接的过程中对它们造成损伤。

3．电位器的插装

电位器从结构上可以分为旋轴式和直线推拉式两种。它们在外形上没有区别，完全靠标注来区分，因此插装时不要搞混，必要时可以通过仪表测试来分辨。

4．继电器的插装

插装继电器时，要注意区分其规格、型号，核对驱动线圈的工作电压值、欧姆数和触点的荷载能力，以及分辨动合触点与动断触点的引脚位置。小继电器驱动绕组的线径很细，其与引脚相接的部位易出问题，因此要注意保护。所有继电器都不宜插装在有强磁场或强振动的位置。

5．IC 的插装

插装 IC 时，应该注意拿取时必须确保人体不带静电。常规是戴上防静电护腕和防静电手套操作，且焊接时必须确保电烙铁不漏电，必要时可以采用临时拔掉电烙铁电源插头来焊接的办法。

阅读与思考

干一行　精一行

丁京，中国南车技术能手、高级技师、优秀共产党员、"品牌工位之星"、公司标兵、岗位技能带头人、精益先锋、机电装备事业部电器一班班长。他带领的班组，全面负责修理公司各类车型电器屏柜及其元器件的检修工作。

初见丁京，他给人的印象是文质彬彬，说起工作侃侃而谈。他说："都说干一行要爱一行，我认为干一行更要精一行，把平凡的工作做好，做精致，一样可以绽放耀眼的光芒！"丁京说的是他对自己经历的感悟，他从一名普通技校生成长为今天的中车技能专家、机车电工高级技师，这和他自身的努力是分不开的。刚工作时，他没事儿总喜欢绕着列车研究，空闲时间也总喜欢琢磨一番自己感兴趣的电子类知识。因为他明白，作为一名电器技术工人，只掌握手中的一点知识是不够的，只有不断学习，不断用知识武装头脑，才能满足工作要求，满足日益变化的市场需求。

精益求精，练就了丁京过硬的技能水平。更难能可贵的是他对企业的忠诚，用自己精湛的技艺、奉献的情怀"冲锋"在生产第一线。

在公司完成出口肯尼亚机车、尼日利亚机车这样车型多、任务紧、难度大的对外出口项目期间，电器柜设计制造一线随处可见丁京的身影。"哪里有困难，哪里有老丁"，在急难险重任务前，他是大家眼中的"定盘星"。他摸透每一个元器件的电气性能，从屏柜钢结构尺寸测绘开始，到元器件的排布、组装试验的作业指导书编制及工艺流程的确认。在他的不断修正调整和完善下，最终圆满完成新造肯尼亚和尼日利亚机车电器柜任务，为公司自助批量生产打下了坚实基础。

根据以上信息，认真思考以下问题：

（1）"干一行，爱一行，精一行"，你如何理解这句话？

（2）精益求精，练就了丁京过硬的技能水平。更难能可贵的是他对企业的忠诚。你是如何理解忠诚的？请结合自己的实际，说说你的想法。

（3）元器件的插装需要精湛的技术。结合本任务的学习，谈谈你如何向丁京学习？

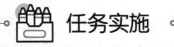 任务实施

用镊子、尖嘴钳或引脚成型模具整形插装元器件

1. 任务目标

（1）熟练掌握元器件引脚的手工整形要求、标准、方法和技能。

（2）掌握元器件的插装形式和工艺要求。

2．所需器材

（1）工具：镊子、小螺丝刀、尖嘴钳、引脚成型模具等。

（2）器材：电阻器、二极管、三极管、极性电容器、非极性电容器等若干只；黏合剂、绑扎线、金属支架适量；印制电路板一块。

3．完成内容

1）电阻器、电容器、二极管的引脚整形

电阻器、电容器、二极管的引脚整形方法相同。参考图 5-1 或图 5-2，选用适当的工具，并按照图 5-3（a）和图 5-3（b）所示的工艺要求对其引脚进行成型加工。

2）三极管的引脚成型加工

按照图 5-10 所示的常见三极管的引脚成型示意图，选用适当的工具将三极管的三个电极引脚分别整理成一定的角度。并根据需要将中间引脚向前或向后弯曲成一定角度，使之符合印制电路板的安装孔距要求。

图 5-10　常见三极管的引脚成型示意图

3）元器件的插装

依据元器件插装的工艺要求，并参考图 5-4、图 5-5、图 5-7、图 5-8、图 5-9，在印制电路板上对引脚成型的元器件进行贴板插装、悬空插装、直立插装、有高度限制时的插装和支架固定插装。

4．任务评价

任务检测与评估

检测内容	分值	评分标准	学生自评	教师评估
工具使用	5	工具用途不明确，扣 1～2 分；工具使用方法不正确，扣 1～3 分。扣分不得超过 5 分		
贴板插装	15	引脚成型不合工艺要求，每项扣 2～5 分；插装不合工艺要求，每项扣 2～5 分；成型引脚有机械损伤，弯曲部分出现模印、压痕或裂纹等，每项扣 2～5 分。每一项插装的扣分不得超过 15 分		
悬空插装	15			
直立插装	15			
有高度限制时的插装	15			
支架固定插装	15			
安全操作	10	不按照规定操作，损坏工具、公物，每项扣 4 分。扣分不得超过 10 分		
现场管理	10	实训器材摆放乱、结束后不清理现场，每项扣 5 分。扣分不得超过 10 分		
合计	100			

知识拓展

印制电路板的装配工艺流程

根据电子产品整机生产性质、生产批量、设备条件等情况的不同，采用的印制电路板装配工艺也不同。常用的印制电路板装配工艺有手工和自动两类。

1. 手工装配工艺流程

在产品的样机试制阶段或小批量生产时，印制电路板的元器件插装主要靠手工操作完成，即操作者把散装的元器件逐个插装到印制电路板上，其操作顺序是：待装元器件→引脚成型→插装→调整位置→剪切引脚→检验。

这种操作方式需要每个操作者都从开始装到结束，效率低，而且容易出现差错。对于设计稳定、大批量生产的产品，宜采用流水线装配，这样可以提高生产效率，减少差错，提高产品合格率。

流水线装配是指把一次复杂的工作分成若干道简易的工序，每个操作者在规定的时间内完成指定的工作量（一般限定每人插装约6个元器件）。

2. 自动装配工艺流程

手工装配使用灵活、方便，广泛用于各道工序和各种场合，但其速度慢，易出差错，效率低，不适宜现代化生产的需要。对于设计稳定、产量大和装配工作量大，而元器件又无须选配的产品而言，常用自动装配方式。印制电路板的自动装配工艺流程如图5-11所示。

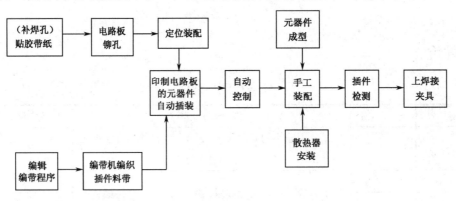

图5-11　印制电路板的自动装配工艺流程

自动装配对设备要求高，对元器件的供料形式也有一定的限制。自动装配机的适用步骤、方法及有关要求如下。

（1）不是所有的元器件都可以进行自动装配。一般要求用于自动装配元器件的外形和尺寸尽量简单一致，方向易于识别。在自动装配后，对于不能自动插装的元器件还需要手工插装。

（2）在自动装配过程中，要求元器件的排列取向沿着 X 轴或 Y 轴。

（3）自动装配需要编辑编带程序。编带程序应反映各元器件的装配路线。

（4）编带机编织插件料带。在编带机上将编带程序输入编带机的控制计算机，根据计算机发出的指令，把编带机料架上放置的不同规格元器件料带自动编织成以装配路线为顺序的料带。

（5）元器件的自动插装。将编织好的元器件料带放置在自动装配机料带架上，印制电路板放置在装配机 *X-Y* 旋转工作台上。再将已编织好的元器件装配程序输入装配机的计算机中。最后由计算机控制装配机将元器件一个一个地装配到印制电路板上。

（6）在自动装配过程中，印制电路板的传递、装配、检测等工序，都由计算机按程序进行。印制电路板装配完毕后，即可进行焊接。

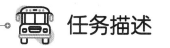

任务二　常用元器件的手工焊接

任务描述

基于电烙铁、焊锡丝、松香助焊剂、无水酒精、偏口钳、尖嘴钳、镊子、小螺丝刀、空心针、吸锡器、防静电手腕或防静电手套、铜编织带（网）等工具材料；针脚式的电阻器、电容器、三极管、集成电路插座若干等电子元器件；印制电路板 1～2 块，完成以下任务。

（1）三步焊接操作法的训练。

（2）印制电路板上元器件的焊接。

① 插装焊接卧式贴板的电阻器 10 个。

② 插装焊接电位器 5 个。

③ 插装焊接瓷片、涤纶电容等非极性电容器 10 个。

④ 插装焊接三极管 10 个。

⑤ 插装焊接立式电阻器 10 个。

⑥ 插装焊接极性电容器 10 个。

⑦ 插装焊接双排直列 16 芯集成电路插座 5 个。

（3）元器件的拆焊。

① 用铜编织带拆焊电阻器、电容器。

② 用气囊吸锡器和吸锡电烙铁拆焊三极管和电位器。

③ 用空心针拆焊集成电路插座。

信息收集

在电子产品装配过程中，焊接是对电子元器件和导线进行连接的重要手段。焊接的方法有手工焊接、自动焊接及无锡焊接等。由于手工焊接工艺简单，不受使用条件和场合的限制，且在电子产品整机的调试和维修中仍占有重要位置。所以掌握常用元器件的手工焊接工艺依然是电子产品整机装配人员必须掌握的基本技能。

一、焊接材料的选用

焊接材料包括焊料和助焊剂。

1．焊料

1）焊料的种类

焊料是指易熔的金属及其合金。它的作用是将被焊件连接在一起。焊料的熔点比被焊件熔点低，易于与被焊件连为一体。

焊料按其组成，可分为锡铅焊料、银焊料、铜焊料；按照使用环境温度，可分为高温焊料和低温焊料；根据熔点不同分为硬焊料和软焊料。熔点在 450℃ 以下的称为软焊料，熔点在 450℃ 以上的称为硬焊料。

2）焊料的选用

在电子产品整机装配中，一般选用锡铅焊料（简称焊锡），尤其是内部夹有固体焊剂的松香焊锡。这种焊料有以下优点。

（1）熔点低。它在 180℃ 时便可熔化，使用 25W 外热式或 20W 内热式的电烙铁便可进行焊接。

（2）具有一定的机械强度。锡铅合金比纯锡、纯铅的强度要高。又因为电子元器件本身的质量较轻，所以锡铅焊料能满足对焊点强度的要求。

（3）具有良好的导电性。

（4）抗腐蚀性能好。用其焊接后，不必涂抹保护层就能抵抗空气的腐蚀，从而减少了工艺流程，降低了成本。

（5）对元器件引脚及其他导线的结合力强，不易脱落。

焊锡丝直径有 0.5mm、0.6mm、0.8mm、1.0mm、5.0mm 等多种规格，一般选用的焊锡丝直径略小于焊盘的直径。

2．助焊剂

1）助焊剂的作用

在进行焊接时，为使被焊件与焊料焊接牢靠，要求被焊件的金属表面无氧化物和杂质，以保证焊锡与被焊件的金属表面固体结晶组织之间发生合金反应，即原子状态相互扩散。因此，焊接开始之前，必须采取有效措施除去氧化物和杂质。通常用机械方法或化学方法除去氧化物和杂质。化学方法常使用助焊剂，它具有不损坏被焊件和效率高的特点。而且在加热时，助焊剂可防止金属氧化，帮助焊料流动，减小表面张力，将热量从烙铁头快速传到焊料和被焊件的金属表面等特点，从而可大大提高焊接质量。

2）助焊剂的种类

（1）无机系列助焊剂。这类助焊剂的主要成分是氯化锌或氯化铵及它们的混合物。其最大的优点是助焊作用好，缺点是具有很强的腐蚀性，常用于可清洗的金属制品的焊接中。如果对残留助焊剂清洗不干净，会造成被焊件的损坏。如果将其用于印制电路板的焊接，将破坏印制电路板的绝缘性。市场上出售的各种"焊油"多数属于此类助焊剂。

（2）有机系列助焊剂。有机系列助焊剂主要由有机酸卤化物组成。其优点是助焊性能好，不足之处是有一定的腐蚀性，且热稳定性差，即一经加热，便迅速分解，留下无活性残留物。

（3）树脂活性系列助焊剂。在这一类助焊剂中，最常用的是在松香焊剂中加入活性剂，如SD焊剂。松香是从各种松树分泌出来的汁液中提取的，通过蒸馏法加工可制成固态松香。它是一种天然产物，其成分与产地有关。松香酒精焊剂是用无水酒精溶解松香配制而成的，一般松香占23%～30%。这种助焊剂的优点是无腐蚀性，有高绝缘性能、长期的稳定性及耐湿性，焊接后易于清洗，并能形成薄膜层覆盖焊点，使焊点不被氧化腐蚀。

3）助焊剂的选用

（1）电子元器件的焊接通常采用松香或松香酒精助焊剂。纯松香焊剂的活性较弱，只有在被焊件的金属表面是清洁的且无氧化层时，其可焊性才是好的。为了清除焊接点的锈渍，保证焊接质量，也可用少量氯化铵焊剂，但焊接后一定要用酒精将焊接处擦洗干净。

（2）焊接其他金属或合金时助焊剂的选用。对于铂、金、铜、银、镀锡金属，由于它们易于焊接，所以可选用松香焊剂；对于铅、黄铜、青铜、镀镍等金属，由于它们的焊接性能差，所以可选用有机焊剂中的中性焊剂；对于镀锌、铁、锡镍合金等，因为它们的焊接困难，所以可选用酸性焊剂，但焊接后，务必对残留焊剂进行清洗。

二、焊点的质量检查

1．焊点的质量要求

焊点的质量要求分为外观要求和技术要求。

1）外观要求

一个高质量的焊点从外观上看，应具有以下特征。

（1）形状以焊点的中心为界，左右对称，焊点呈内弧形。

（2）焊料量均匀适当，锡点表面圆满、光滑、无针孔、无松香渍、无毛刺。

（3）润湿角小于30°。

2）技术要求

焊点在技术上应满足以下几方面的要求。

（1）具有一定的机械强度。为了保证被焊件在受到振动或冲击时，不出现松动，要求焊点有足够的机械强度，但不能使用过多的焊锡，且应避免出现焊锡堆积和桥焊现象。

（2）保证其良好、可靠的电气性能。由于电流要流经焊点，所以为了保证焊点具有良好的导电性，必须防止虚、假焊。出现虚、假焊时，焊锡与被焊件的金属表面没有形成合金，只是依附在被焊件的金属表面，会导致焊点的接触电阻增大，影响整机的电气性能，有时还会使电路出现时断时通的现象。

（3）具有一定大小、光泽和清洁美观的表面。焊点的外观应美观光润、圆润、整齐、均匀，焊锡应充满整个焊盘并与焊盘大小比例适中。

2. 手工焊点的检查

手工焊点的检查可分为目视检查和手触检查两种。

1）目视检查

目视检查就是从外观上检查焊点有无焊接缺陷，可以从以下几个方面进行检查。

（1）焊点是否均匀，表面是否光滑、圆润。

（2）焊锡是否充满焊盘，焊锡有无过多、过少现象。

（3）焊点周围是否有残留的助焊剂和焊锡。

（4）是否有错焊、漏焊、虚假焊。

（5）是否有桥焊、焊点不对称、拉尖等现象。

（6）焊点是否有针孔、松动、过热等现象。

（7）焊盘有无脱落、焊点有无裂缝。

2）手触检查

在目视检查的基础上，采用手触检查，主要是检查元器件在印制电路板上有无松动、焊接是否牢靠、有无机械损伤。可用镊子轻轻拨动焊点看有无虚假焊，或夹住元器件的引脚轻轻拉动看有无松动现象。

三、保证焊接质量的因素

手工焊接是利用电烙铁加热焊料和被焊件，实现金属间牢固连接的一项工艺技术。这项工作看起来十分简单，但要保证众多焊点的均匀一致、个个可靠却是十分不容易的，这是因为手工焊接的质量是受多种因素影响和控制的。通常应注意以下几个保证焊接质量的因素。

1. 保持清洁

要使熔化的焊料与被焊件受热形成合金，其接触表面必须十分清洁。这是焊接质量得到保证的首要因素和先决条件。

2. 合适的焊料和焊剂

电子设备的手工焊接通常采用锡铅焊料，以保证焊点有良好的导电性及足够的机械强度。目前常用的焊料是松脂芯焊丝。

3．合适的电烙铁

手工焊接主要使用电烙铁。应按焊接对象选用不同功率的电烙铁，不能只用一把电烙铁完成不同形状、不同热容量焊点的焊接。

4．合适的焊接温度

焊接温度是指焊料和被焊件之间形成合金层所需要的温度。通常焊接温度控制在 260℃左右，但考虑到烙铁头在使用过程中会散热，因此可以把电烙铁的温度适当提高一些，以控制在（300±10）℃为宜。

5．合适的焊接时间

由于被焊件的种类和焊点形状的不同及焊剂特性的差异，所以焊接时间各不相同。应根据不同的对象，掌握好焊接时间。通常焊接时间不大于 3s。

6．被焊件的可焊性

被焊件的可焊性主要是指元器件引脚、接线端子和印制电路板的可焊性。为了保证可焊性，在焊接前要进行搪锡处理或在印制电路表面镀上一层锡铅合金。

四、手工焊接的基本步骤

手工焊接的基本步骤为：准备→加热→加焊料→冷却→清洗。

1．准备

焊接前的准备包括：焊接部位的清洁处理，导线与接线端子的钩连，元器件的插装，焊料、焊剂和工具的准备，使连接点（焊点）处于随时可以焊接的状态。

2．加热

用烙铁头加热焊接部位，使连接点的温度升至焊接需要的温度。加热时，烙铁头和焊点要有一定的接触面和接触压力。

3．加焊料

加热到一定温度后，即可在烙铁头与焊点的结合处或烙铁头对称的一侧加上适量的焊料。焊料熔化后，应用烙铁头将焊料拖动一段距离，以保证焊料覆盖焊点。

4．冷却

焊料和烙铁头离开焊点后，焊点应自然冷却，严禁用嘴吹或采用其他强制冷却的方法。在焊料凝固过程中，焊点不应受到任何外力的影响而改变位置。

5．清洗

必须彻底清洗残留在焊点周围的焊剂、油污、灰尘。按清洗对象的不同，可采用手工擦洗、气相清洗和超声波清洗等。

五、手工焊接的操作方法

手工焊接的基本步骤

电烙铁的使用方法在项目一中已做介绍，这里仅对手工焊接的操作方法进行介绍。

1．五步焊接操作法

五步焊接操作法如表 5-1 所示。

表 5-1　五步焊接操作法

操 作 方 法	操作示意图	说　明
准备	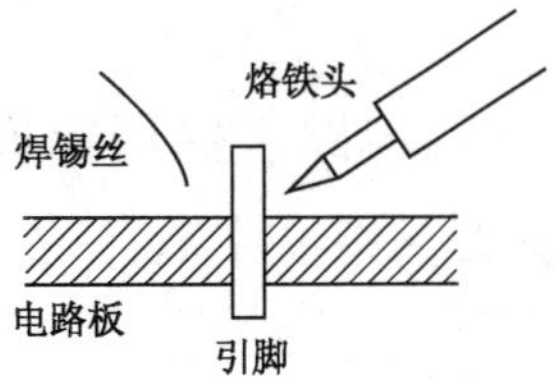 烙铁头　焊锡丝　电路板　引脚	使焊点处于焊接状态
用烙铁头加热	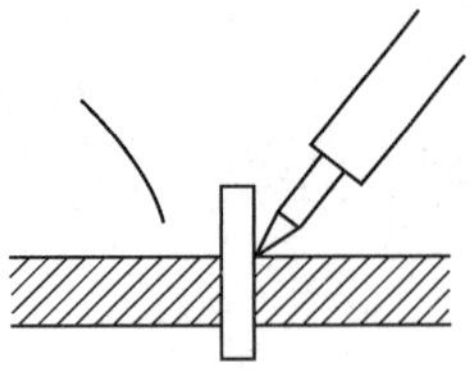	用烙铁头加热焊接部位。加热时，烙铁头和焊点要有一定的接触面和接触压力
供给焊锡	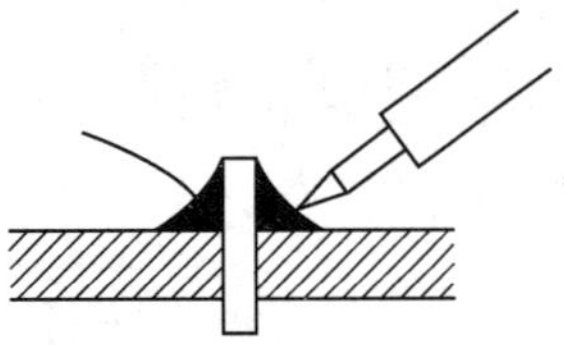	在焊接部位加适当焊料，并使焊锡熔化，浸润被焊件
移开焊锡丝	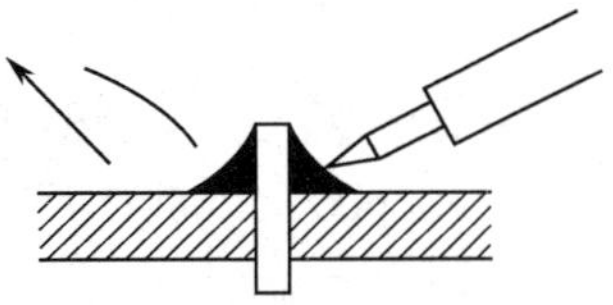	焊锡量适当后迅速朝左上方 45° 移开焊锡丝
移开烙铁头	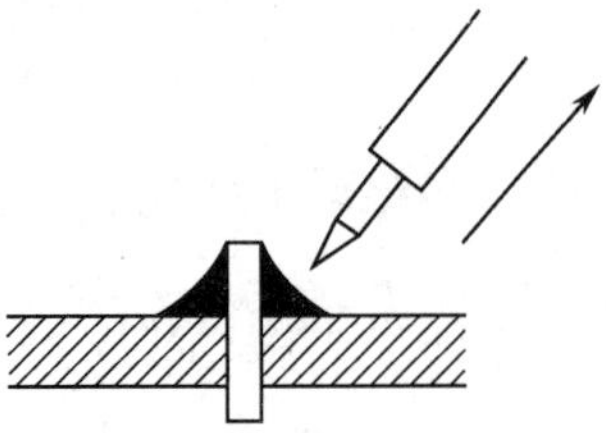	焊锡扩展范围达到要求，焊点均匀、光亮后，朝右上方 45° 撤离烙铁头，速度不能慢，以保持焊点美观

五步焊接操作法是细致的，是掌握手工电烙铁焊接的基本方法。实际操作中，五步焊接操作法用得较普遍。在该方法中，各步骤之间停留的时间，对保证焊接质量而言至关重要，只有通过不断实践才能逐步掌握其操作技巧。

2．三步焊接操作法

对于热容量小的焊件，如印制电路板上的小焊盘，可采用三步焊件操作法。其操作方法为：准备；加热焊接部位并同时供给焊锡；移开焊锡丝并同时移开烙铁头。

💡 **注意事项** ——

焊锡丝的移开时间不得迟于烙铁头的移开时间；在焊料完全凝固前，不能移动被焊件之间的位置，以防产生假焊现象。

六、焊接件的拆卸

在检查电子元器件的焊接质量之后，有时要对焊接不良的元器件或有故障的元器件进行拆焊操作。在实际操作中，拆焊要比焊接的难度高，如果拆焊不当，就会损坏元器件及印制电路板。拆焊也是焊接工艺中必须掌握的技能。

1．拆焊的基本原则

拆焊前一定要弄清楚被拆焊点的特点，不要轻易动手。拆焊时必须遵循以下基本原则。

（1）不损坏待拆除的元器件、导线及周围的元器件。

（2）拆焊时不可损坏印制电路板上的焊盘与印制导线。

（3）对已判定为损坏的元器件，可先将其引脚剪断再拆除，这样可以减少其他损伤。

（4）在拆焊过程中，应尽量避免拆动其他元器件或变动其他元器件的位置，如确实需要应做好复原工作。

2．拆焊的操作要点

（1）严格控制加热的时间和温度。拆焊的加热时间和温度较焊接时要长、要高，但仍需要严格控制它们，以免高温损坏其他元器件。

（2）拆焊时不要用力过猛。在高温状态下，元器件封装的强度会下降，尤其是塑封元器件，用力地拉、摇、扭元器件都会损坏元器件和焊盘。

（3）吸去被拆焊点上的焊料。拆焊前，应用吸锡工具吸去焊料。在没有吸锡工具的情况下，可以将印制电路板或能移动的部件倒过来，用电烙铁加热被拆焊点，利用重力原理，让焊锡自动流向电烙铁，这样也能达到部分去锡的目的。

3．常用的拆焊方法

1）用空心针头拆焊

可用 8 到 12 号的空心针头若干作为拆焊工具。其具体操作方法是：一边用电烙铁熔化焊点，一边把针头套在被焊的元器件引脚上，待焊点熔化后，将针头迅速插入印制电路板的孔内，再拿开电烙铁，旋转针头，待焊锡凝固后，元器件的引脚与印制电路板的焊盘即脱开。用空心针头拆焊如图 5-12 所示。

2）用铜编织带拆焊

将铜编织带的端部一段涂上松香焊剂，然后放在被拆焊点上，再把电烙铁放在铜编织带上加热焊点，焊点上的焊锡熔化后，就会被铜编织带吸去。若焊点上的焊料一次未吸完，则可进行第二次、第三次，直至吸完为止。当铜编织带吸满焊料后就不能再使用了，需将吸满焊料的部分剪去。

3）用气囊吸锡器拆焊

将被拆焊点加热使焊料熔化，把气囊吸锡器挤瘪，将其吸嘴对准熔化的锡料，然后放松气囊吸锡器，焊料就会被吸进气囊吸锡器内。用气囊吸锡器拆焊如图5-13所示。

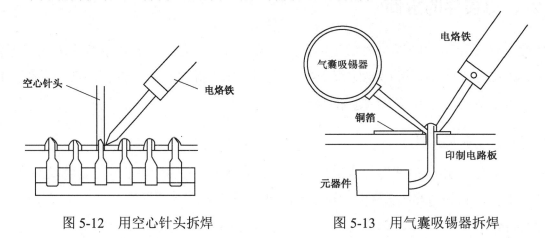

图5-12　用空心针头拆焊　　　　　图5-13　用气囊吸锡器拆焊

4）用吸锡电烙铁拆焊

吸锡电烙铁是一种专用拆焊电烙铁，它能在对焊点加热的同时，把锡吸入内腔，从而完成拆焊。

💡 **注意事项** ─────────────────────────────────

待焊料熔化后，把熔化的焊锡吸走即可，吸力不可过大，反复次数不要太多，否则容易吸掉焊盘，或使焊盘变形。

5）用热风枪拆焊

使用热风枪进行拆焊，一定要掌握好风力、风速和风力的方向。若操作不当，则会将元器件吹跑，甚至会将周围小型元器件的位置吹动或将其吹跑。用热风枪拆焊的具体方法是。

（1）用小刷子将小型元器件周围的杂质清理干净，往小型元器件上加注少许松香水。

（2）安装好热风枪的细嘴喷头，打开电源开关，调节其温度开关在2~3挡，风速开关在1~2挡。

（3）一只手用镊子夹住元器件，另一只手拿稳热风枪柄，使其喷头与欲拆卸的元器件保持垂直，距离为2~3cm，然后均匀加热（注意，喷头不可碰触元器件），待元器件周围焊锡熔化后用镊子将元器件取下即可。

阅读与思考

专注、坚持和创新

潘玉华，中国电子科技集团公司高级技师、中国国防邮电工会示范性劳模、创新大师工作室带头人，她带领的团队先后承担预警机、北斗导航等国家重点项目的课题。

人到中年的潘玉华在无线电精密组装焊接岗位上练就了一身绝活：在一块一元硬币大小的电子板上，焊接1144根细小的铅柱，没有任何机器辅助，全凭手感完成。取得如此精湛技术的背后是一个个感人的故事。

潘玉华的师傅告诉她："虽然我们做的是精密焊接组装工作，它是一份技能工作，但不像我们想象中的那么简单，需要心、手、眼的高度配合，任何一个地方掉队就容易犯错。"

在研发某个项目时，有一个非常紧急的任务，需要在手表大小面积上手工植入1000多个细小铅柱，铅柱大小相当于现在的绣花针，把铅柱垂直植入到器械上，要保证植入的垂直精度小于头发丝直径的1/2，这是要求非常高的。在这之前，潘玉华只做过对几十根、上百根铅柱的植入工作，她从来没有做过对上千根、精度要求特别高的铅柱植入工作。

接到这个任务后，潘玉华走到哪里，练习到哪里。在家往装满水的茶杯里投入40枚一元硬币，保证杯子里的水一滴都不溢出，最高纪录可以做到45枚。在工作当中，潘玉华会用镊子夹取一颗颗比芝麻粒还要小数十倍的焊球来整齐地排列。通过几千次、上万次的练习，让潘玉华的心、手、眼的协调能力达到高度协调，最终这个植入工作成功完成，也为该项目的顺利研发起到了很好的保障作用，同时，研发周期也缩短了将近1年。

在一次国务院新闻办召开的中外记者见面会上，作为国新办特邀代表，潘玉华同大家分享了她对"工匠精神"的看法。她说，"工匠精神"可以概括为六个字："就是专注、坚持和创新。专注就是我们所说的干一行、爱一行、钻一行；另外一个就是坚持，在坚持当中就是一个锲而不舍、持之以恒的过程。还有一个就是创新。"

潘玉华任劳任怨、踏实肯干、苦心钻研的精神和行动诠释了"工匠精神"的意义，也因此成就了"大国工匠""军工绣娘"的美名。

根据以上信息，认真思考以下问题：

（1）请谈谈你对"专注、坚持、创新"这三个词的理解。

（2）此故事对你炼成焊接高手有什么启示？

（3）结合自己的现状，列出提高焊接技能的计划。

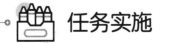

任务实施

元器件的插装、焊接与拆焊

1. 任务目标

巩固手工插装元器件的工艺要求，熟练掌握五步焊接操作法、三步焊接操作法的焊接要领和元器件的拆焊技能。

2. 所需器材

（1）工具：电烙铁、偏口钳、尖嘴钳、镊子、小螺丝刀、空心针、吸锡器、防静电手腕或防静电手套、铜编织带（网）各1个；焊锡丝、松香助焊剂、无水酒精适量。

（2）器材：针脚式的电阻器、电容器、三极管、集成电路插座若干，其中电阻器的数量可多一些。因为集成电路块的成本高，所以可用插座代替。印制电路板1～2块（可用工厂生产的废印制电路板）。

3. 完成内容

（1）焊接练习。利用废旧的电阻器，先依据五步焊接操作法在印制电路板上练习焊接技能，待技能稳定熟练后转入三步焊接操作法的训练。

（2）印制电路板上元器件的焊接。首先按照任务一的要求对元器件进行引脚整形，并在印制电路板上进行插装（也可使用任务一中整形插装过元器件的印制电路板）。然后按照焊接工艺要求完成元器件的焊接。最后所交的焊接作业中至少应包含以下焊接内容。

① 插装焊接卧式贴板的电阻器10个。

② 插装焊接电位器5个。

③ 插装焊接瓷片、涤纶电容等非极性电容器10个。

④ 插装焊接三极管10个。

⑤ 插装焊接立式电阻器10个。

⑥ 插装焊接极性电容器10个。

⑦ 插装焊接双排直列16芯集成电路插座5个。

💡 注意事项

（1）对每个焊点应认真练习，力争焊点完好；观察插装高度、插装方向是否符合工艺要求；观察焊点是否有假焊、虚焊、拉尖等劣质情况。

（2）焊接完毕，应用棉签沾取无水酒精擦去多余的助焊剂。

（3）有条件时可以多进行焊接练习。要想焊接质量高，需多练习、多观察、多思考。

（4）整个操作过程中应用好防静电用具，注意手不要直接接触元器件和印制电路板，以养成良好习惯。

（3）元器件的拆焊。对上述焊接完毕的印制电路板利用多种拆焊工具进行拆焊练习。

① 用铜编织网拆焊电阻器、电容器。

② 用气囊吸锡器和吸锡电烙铁拆焊三极管和电位器。

③ 用空心针拆焊集成电路插座。

注意事项

在拆焊过程中对于引脚间距大的元器件可以采用分点拆焊方法,对于引脚较集中的元器件可以采用集中拆焊法。

（1）分点拆焊法,如图5-14（a）所示。先拆除一端焊点上的引脚,再拆除另一端焊点上的引脚,最后将器件拔出。

（2）集中拆焊法,如图5-14（b）所示。晶体三极管及直立安装的阻容元器件,因为它们的焊点之间距离较小,所以应采用集中拆焊法,即用电烙铁或热风枪同时或交替加热几个焊点,待焊锡熔化后一次拔出器件。此法要求操作时注意力集中,加热迅速,动作快。

（3）若焊点上的引脚是折弯的引脚,则拆焊时要先吸去焊点上的焊锡（使用吸锡电烙铁或金属编织带及其他的焊锡吸取器等）,用烙铁头撬直引脚后再拆除元器件。

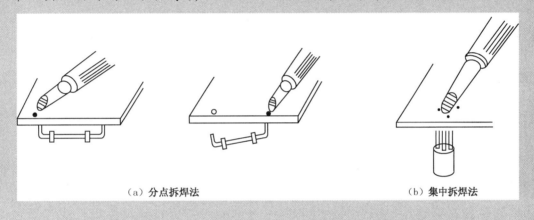

（a）分点拆焊法　　　　　　　　　　　　　（b）集中拆焊法

图5-14　分点拆焊法与集中拆焊法的示意图

4. 任务评价

任务检测与评估

检测内容	分　值	评分标准	学生自评	教师评估
工具使用	10	工具用途不明确,扣2～5分;工具使用方法不正确,扣2～5分。扣分不得超过10分		
焊接质量	40	有搭焊、假焊、虚焊、露焊、桥焊、焊盘脱落等,每处扣5分;有毛刺、焊料过多、焊料过少、焊点不光滑、引脚过长、焊盘不整洁等,每处扣2分。扣分不得超过40分		
拆焊	30	出现元器件损坏,每处扣5分;有散锡、拉丝、锡余留、焊盘翘起或脱落,每处扣3分;集成电路引脚损坏,每处扣3分。扣分不得超过30分		
安全操作	10	不按照规定操作,损坏工具、公物,每项扣4分。扣分不得超过10分		
现场管理	10	实训器材摆放乱、结束后不清理现场,每项扣5分。扣分不得超过10分		
合计	100			

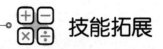 技能拓展

一、焊点的缺陷分析

由于焊接技术水平不同、焊接材料质量不一、焊接时操作者的责任心不同，所以焊接过程中往往存在这样或那样的焊接质量问题。常见不良焊点的缺陷及其产生的原因如表 5-2 所示。

表 5-2 常见不良焊点的缺陷及其产生的原因

焊点缺陷	外观现象	危害	不良焊点产生的原因
焊料过多	焊料面成凸形	浪费焊料，且可能隐藏缺陷	（1）焊锡撤离过迟 （2）上料过多
上料过少	焊料未形成平滑面	机械强度不足	（1）焊锡撤早 （2）上料过少
松香焊	焊点中央有松香渣	强度不足，接触不良，可能时通时断	（1）加助焊剂过多或已失效 （2）加热时间不够，加热不足 （3）表面氧化膜未除去
过热	表面发白，无光泽，表面较粗糙	焊盘容易脱落，焊点强度低；元器件会失效	（1）电烙铁功率过大 （2）加热时间过长
冷焊	表面呈豆腐渣状颗粒，有时有裂纹	会存在导电性不好	（1）加热不足 （2）焊料未凝固时焊件抖动
虚焊	焊料与焊件交界面接触角过大，不平滑	强度低，不通或时断时通	（1）焊件清理不净 （2）助焊剂不足或质量差 （3）焊件未充分加热
不对称	焊料未流满焊盘	强度不足	（1）焊料流动性不好 （2）助焊剂不足或质量差 （3）加热不足
松动	导线或元器件可移动	导通不良或不导通	（1）焊锡未凝固前移动引脚 （2）引脚浸润不良或未浸润 （3）加热不足
拉尖	焊点出现尖端或毛刺	外观不佳，或易引起桥接，会产生夹断放电而引起短路	（1）焊接时间过长 （2）移开烙铁头角度不当
桥接	相邻导线搭接	电路短路	（1）焊锡过多 （2）烙铁头撤离方向不当

二、印制电路板上的导线焊接

导线在电子产品装配中占有重要地位，实践中发现，在出现故障的电子产品中，经常会有导线焊点导电不良、经受不住拉力产生断头的现象，因此有必要对导线焊接工艺产生重视。

1．导线的焊前处理

导线的焊前处理包括剪裁、剥头、捻头、浸锡。浸锡时注意要边上锡边旋转，且旋转方向应与导线拧合方向一致；多股导线挂锡时要注意烛心效应，即焊锡进入绝缘层内，造成软线变硬，容易导致接头故障。

2．导线与接线端子的焊接

焊接导线时，导线的弯曲形状一般有四种，如图 5-15（a）所示。

导线与接线端子的焊接有如下几种基本形式。

1）绕焊

绕焊是指把经过上锡的导线端头在接线端子上缠一圈，用钳子拉紧缠牢后进行焊接，如图 5-15（b）所示。注意导线一定要紧贴端子表面，且绝缘层不接触端子。一般 L 为 1～3mm，这种焊接的可靠性最好。

2）钩焊

钩焊是指将导线端头弯成钩形，钩在接线端子上并用钳子夹紧后施焊，如图 5-15（c）所示。这种焊接的强度低于绕焊，但操作简便。

3）搭焊

搭焊是指把经过镀锡的导线搭到接线端子上施焊，如图 5-15（d）所示。这种焊接最方便，但强度和可靠性最差，仅用于不便缠、钩的地方及某些接插件上，也可用于临时连接。

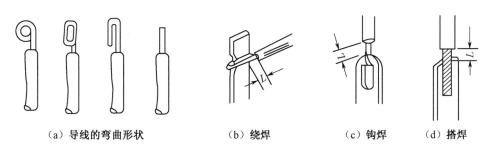

（a）导线的弯曲形状　　　（b）绕焊　　　（c）钩焊　　　（d）搭焊

图 5-15　导线的弯曲形状及其与接线端子的焊接

搭焊的焊片上常常有焊线孔，如接线焊片、电位器接线片、耳机和电源插座等。在这样的焊片上焊接导线和元器件时，要先将焊片、导线都上锡（注意，焊片的孔不要堵死），再将导线穿过焊线孔并弯曲成钩形。片状焊点的焊接如图 5-16 所示。切记不要只给烙铁头沾上锡，在焊件上堆成一个焊点，这样很容易造成虚焊。

若焊片上焊的是多股导线，则最好用套管将焊点套上。这样做既保护焊点不易和其他部位短路，又能保证多股导线不容易断开。

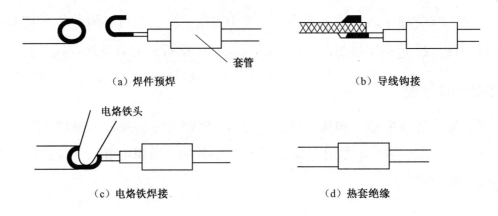

（a）焊件预焊   （b）导线钩接

（c）电烙铁焊接   （d）热套绝缘

图 5-16　片状焊点的焊接

4）插焊

插焊是指把导线端头插入接线端子孔内，用电烙铁焊接的方法。这种焊接一般用于多股导线的焊接，且导线在焊前要进行镀锡处理。插焊的操作过程如图 5-17 所示。

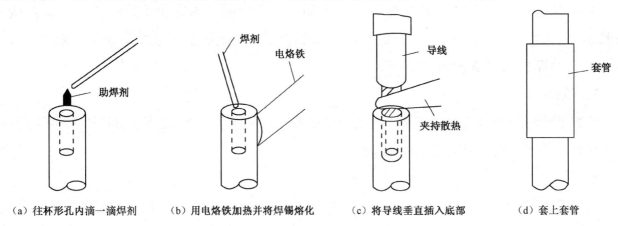

（a）往杯形孔内滴一滴焊剂　（b）用电烙铁加热并将焊锡熔化　（c）将导线垂直插入底部　（d）套上套管

图 5-17　插焊的操作过程

其中，图 5-17（a）所示为往杯形孔内滴一滴助焊剂，若孔较大，则用脱脂棉蘸助焊剂在杯内均匀擦一层。图 5-17（b）所示为用电烙铁加热并将焊锡熔化，使焊锡浸润流满内孔。图 5-17（c）所示为将导线垂直插入底部，移开电烙铁并保持到焊锡凝固，注意导线不可动。图 5-17（d）所示为套上套管，当焊锡完全凝固后立即套上套管。

5）其他几种典型的焊接方法

在实际操作中，会遇上各种难焊点，下面介绍槽形、柱形、板形焊点的焊接方法。这类焊接一般没有供缠线的焊线孔，因此其焊接方法可为绕焊、钩焊、搭焊，但对某些重要部位，如电源线等处，应尽量采用缠线固定后焊接的办法。其焊接要点同搭焊、绕焊。导线与槽形、柱形、板形焊接件焊接的方法如图 5-18 所示。每个焊点接一根导线，且一般都套上塑料套管。套管尺寸要合适，且应在焊点未完全冷却前趁热穿入，以套入后不会自行滑出为最好。

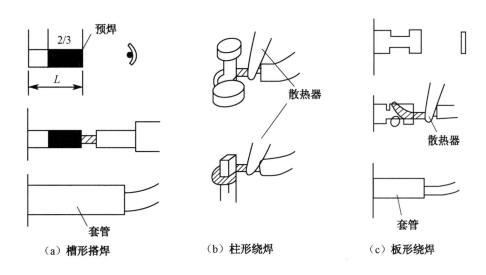

图 5-18　导线与槽形、柱形、板形焊接件焊接的方法

6）导线与导线的焊接

导线与导线的焊接以绕焊为主，如图 5-19 所示。导线与导线焊接的操作步骤如下。

（1）去掉一定长度的绝缘皮。

（2）绞合，施焊。

（3）趁热套上热缩套管，冷却后将套管固定在接头处。

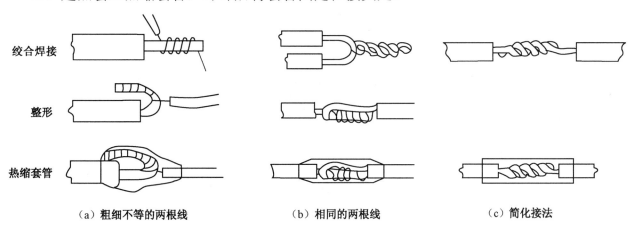

图 5-19　导线与导线的焊接

任务三　表面贴装元器件的手工焊接

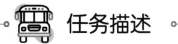 任务描述

　　基于恒温电烙铁、细焊锡丝、松香焊锡膏、酒精、热风枪、镊子、防静电手腕或防静电手套、铜编织带（网）、放大镜等工具材料；贴片电阻器、电容器、二极管、三极管、集成电路等若干电子元器件；印制电路板 1～2 块，完成以下任务。

（1）手工焊接贴片式的电阻器、电容器、二极管、三极管、集成电路等若干电子元器件。

（2）在含有贴片元器件的印制电路板上进行拆焊贴片元器件训练。

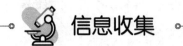

信息收集

现代电子系统的微型化、集成化程度越来越高，传统的通孔安装技术逐步向新一代电子组装技术——SMT 过渡。SMT 是将电子元器件直接贴装在基板表面的安装技术。SMT 是集表面安装元件（SMC）、表面安装器件（SMD）、表面安装电路板（SMB）、自动安装、自动焊接及测试等技术为一体的一整套完整工艺技术的总称。

一、表面贴装的优点

表面贴装与通孔安装相比，主要有以下优点。

1．高密度

贴片元器件尺寸小，能够有效地利用印制电路板的面积，使得整机产品的主板可以减小到其他装接方式的 10%～30%，质量减轻 60%，实现微型化。

2．高可靠

贴片元器件引脚短或无引脚，质量轻、抗振能力强，焊点可靠性高。

3．高性能

贴片元器件的引脚短和高密度安装优点使得电路的高频性能得到改善，数据传输速率增加，传输延迟减小，从而可实现高速度的信号传输。

4．高效率

适合自动化生产。

5．低成本

综合成本下降 30%以上。

二、表面贴装的工艺流程

通常情况下，印制电路板上既有表面贴装元器件，也有通孔安装元器件。因此，表面安装有单面表面贴装、双面表面贴装、单面混合安装、双面混合安装 4 种形式。表面安装的 4 种形式如图 5-21 所示。

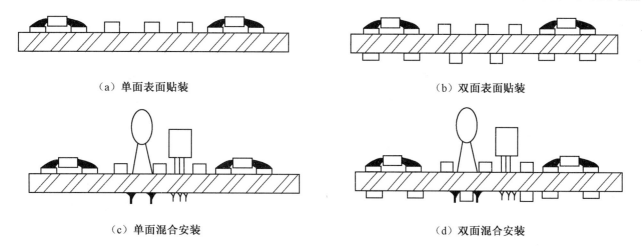

（a）单面表面贴装　　　　　　　　　　　（b）双面表面贴装

（c）单面混合安装　　　　　　　　　　　（d）双面混合安装

图 5-21　表面安装的 4 种形式

不同的安装形式有不同的工艺流程，总体来说，表面贴装的工艺流程：固定基板→焊接表面（贴装面）涂敷焊膏→贴装片状元器件→烘干→回流焊→清洗→检测。若采用双面表面贴装或混合安装，则检测工序一般在安装完成后再进行。通常情况下，待贴片安装完成后再进行通孔的安装。

三、表面贴装的工具和材料

1．镊子

需用比较尖的镊子，而且必须是不锈钢的，这是因为其他材料的镊子可能会带有磁性。而贴片元器件比较轻，如果镊子有磁性就会被吸在上面下不来。

2．烙铁

需用 25W 的铜头小烙铁，有条件的可使用温度可调和带 ESD 保护的焊台。注意烙铁头尖要细，顶部的宽度不能大于 1mm。

3．热风枪

热风枪是用于焊接或拆多引脚贴片元器件的。

4．细焊锡丝

需要 0.3～0.5mm 的焊锡丝。粗的（0.8mm 以上）焊锡丝不能用，因为那样不容易控制给锡量。

5．吸锡用的铜编织带

当集成电路的相邻两引脚被锡短路后，传统的吸锡器将派不上用场，采用铜编织带吸锡效果最好。

6．放大镜

使用有座和带环形灯管的放大镜，如图 5-20 所示。不能用手持式的代替，因为有时需要在放大镜下双手操作。放大镜的放大倍数应在 5 倍以上。

此外，还需要松香焊锡膏、异丙基酒精等。使用松香焊锡膏的目的是作为助焊剂以增加焊锡的流动性，这样焊锡可以用电烙铁牵引，并依靠表面张力的作用，光滑地包裹在引脚和焊盘上。焊接后需用酒精清除板上的焊剂。

图 5-20　有座和带环形灯管的放大镜

四、表面贴装的手工焊接和拆焊

1．引脚较少元器件的焊接和拆焊

对于只有 2～4 只引脚的元器件，如电阻器、电容器、二极管、三极管等，先在印制电路板的其中一个焊盘上镀上锡。然后左手用镊子夹持元器件放到安装位置并抵住印制电路板，右手用电烙铁将已镀锡焊盘上的引脚焊好。元器件焊上一只引脚后便不会移动，此时左手的镊子可以松开，改用锡丝将其余的引脚焊好。如果要拆焊这类元器件，只要用两把电烙铁（左、右手各一把）将元器件的两端同时加热，等锡熔化了以后轻轻一提即可将其取下。

2．引脚较多元器件的焊接和拆焊

对于引脚较多但间距较宽的贴片元器件（如许多 SO 型封装的集成电路，其引脚的数目在 6～20 之间，脚间距在 1.27mm 左右）也可采用类似的方法，即先在一个焊盘上镀锡，然后左手用镊子夹持元器件将它的一只引脚焊好，再用锡丝焊其余的引脚。这类元器件的拆焊一般用热风枪较好：一手持热风枪将焊锡吹熔，另一手用镊子等夹具趁焊锡熔化之际将元器件取下即可。

3．引脚密度较高元器件的焊接和拆焊

对于引脚密度比较高（如 0.5mm 间距）的元器件，其焊接步骤是类似的，即先焊一只引脚，然后用锡丝焊其余的引脚。但对于这类元器件，由于其引脚的数目比较多且密，所以引脚与焊盘的对齐是关键。在一个焊盘上镀锡后（通常选在角上的焊盘，只镀很少的锡），应用镊子或手将元器件与焊盘对齐，注意要使所有引脚的边都对齐，然后用左手或通过镊子稍用力将元器件按在印制电路板上，再用右手的电烙铁将镀锡焊盘对应的引脚焊好。焊好后左手可以松开，但不要大力晃动印制电路板，而是轻轻将其转动，将其余角上的引脚先焊上。当四个角都焊上以后，元器件基本不会动了，这时可以很轻松地将剩下的引脚一个一个焊上。焊接时可以

先涂一些松香水，让烙铁头带少量锡，一次焊一个引脚。如果不小心将相邻两只引脚短路了，此时不要着急，等全部焊完后用编织带吸锡清理即可。

引脚密度较高的元器件的拆焊主要用热风枪：一只手用适当工具（如镊子）夹住元器件，另一只手用热风枪来回吹所有的引脚，等焊锡都熔化时将元器件提起即可。拆下元器件后，应用电烙铁清理焊盘。

注意事项

焊完所有的引脚后，应用焊剂浸湿所有引脚以便清洗焊锡。在焊锡过多的地方吸掉多余的焊锡，以消除任何短路和搭接。最后用镊子检查是否有虚焊。检查完成后，应清除印制电路板上的焊剂。可将硬毛刷浸上酒精沿引脚方向仔细擦拭，直到焊剂消失为止。

阅读与思考

火花下焊铸工匠精神

将两个不同形状的不锈钢产品焊接在一起，最大间隙只能有 0.2mm，在很多人看来这是不可能完成的任务，但是对威海克莱特菲尔风机股份有限公司铝焊班班长肖仁勇来说这就是"小菜一碟"。

中年的肖仁勇从事焊接工作二十多年。刚参加工作时，凭着对焊接工作的热爱和实现梦想的执着，肖仁勇上班时间跟着师傅专心学，业余时间"啃"书本，并利用能找到的一切下脚料练习焊接技巧。他不仅创造了一个月出徒的公司最快纪录，还成功掌握了各类材料焊接的最新技术，特别擅长铝合金焊接、特种钢材焊接及目前世界上先进的机器人焊接，并先后通过了国际焊接技工、焊接技师、焊接高级技师的职业资格认定。

肖仁勇焊接的产品大都用在高铁和核电上，技术要求非常严格，焊接的精准度都以毫米计算。比如 CRH2 号高铁牵引电机通风机产品，焊接精度要求控制在 0.5 毫米以内，焊接过程中许多部位都需要用大号放大镜比对。面对如此严峻的挑战，肖仁勇丝毫不畏缩，带领团队反复试验，最终研发出"零变型工装模具"，完成了国内高铁风机领域很多人认为不可能完成的任务。仅这项成果，就能为公司每年取得 2000 万元以上的高铁订单。

工作中，肖仁勇还养成了一个习惯——焊接前先把工作台收拾得干干净净，焊接时要佩戴雪白的手套，焊接中不能在工作服上黏上一丁点油污。在他看来，细节决定成败。正是凭着这种严谨的态度，肖仁勇攻克了多个难题，先后荣获威海市劳动模范、威海市优秀职工、威海工匠、威海市有突出贡献的技师等荣誉称号。

根据以上信息，认真思考以下问题：

（1）肖仁勇身上体现了什么样的工匠精神？你如何理解？

（2）肖仁勇说，细节决定成败。你想成为贴片元器件的焊接高手，需要注意哪些细节？

（3）此故事对你有什么启发？你对自己的职业有什么样的规划？如何实现？

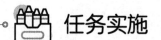

任务实施

表面贴装元器件的焊接与拆焊

1．任务目标

熟悉 SMT 手工焊接的基本步骤、方法和工艺要求，以及拆焊的技能。

2．所需器材

（1）工具：恒温电烙铁、热风枪、镊子、防静电手腕或防静电手套、铜编织带（网）、放大镜各 1 个；细焊锡丝、松香焊锡膏、酒精等适量。

（2）器材：贴片电阻器、电容器、二极管、三极管、集成电路若干；印制电路板 1~2 块（可用工厂生产的废印制电路板）。

3．完成内容

分别用电烙铁和热风枪按照"信息收集"中的焊接和拆焊方法，在印制电路板上焊接贴片元器件，再拆焊此类元器件。如此反复练习，以最好的一次结果参与任务评价。

4．任务评价

任务检测与评估

检测内容	分值	评分标准	学生自评	教师评估
工具使用	10	工具用途不明确，扣 2~5 分；工具使用方法不正确，扣 2~5 分。扣分不得超过 10 分		
焊接质量	40	有搭焊、假焊、虚焊、露焊、桥焊等，每处扣 5 分；有毛刺、焊料过多、焊料过少、焊盘不整洁等，每处扣 2 分；引脚与焊盘对应不齐整，每处扣 2~5 分。扣分不得超过 40 分		
拆焊	30	出现元器件损坏，每处扣 5 分；有散锡、拉丝、锡余留、焊盘翘起或脱落，每处扣 3 分；集成电路引脚损坏，每处扣 3 分。扣分不得超过 30 分		
安全操作	10	不按照规定操作，损坏工具、公物，每项扣 4 分。扣分不得超过 10 分		
现场管理	10	实训器材摆放乱，结束后不清理现场，每项扣 5 分。扣分不得超过 10 分		
合计	100			

 知识拓展

一、SMT 的再流焊工艺

再流焊工艺是指把含有焊剂的膏状焊料涂抹在印制电路板的焊接部位,然后用贴装机安装表面贴装元器件,并进行干燥处理。膏状焊料由锡铅焊料粉末加液状的载体配制而成。载体中含有焊剂、黏合剂及溶剂等成分,起助焊作用并控制焊接的流动特性。焊接时,膏状焊料受热,在液状载体中再次出现熔化流动的液状焊料时完成焊接,因此将这种焊接称为再流焊。

再流焊的加热方法很多,有气相加热、红外加热和激光加热等。气相加热再流焊是利用高沸点惰性液体(如全氟化三戊基胺,沸点为 215℃,比焊料熔点高 30℃左右)的饱和蒸气遇印制电路板冷却凝固所释放出来的热量加热焊料,使焊料再流完成焊接的工艺。这种方法的热转换效率高,可在 10～40s 内使焊料熔化。

二、SMT 的波峰焊工艺

波峰焊工艺是指将熔化的液态焊料借着机械或电磁泵的作用,在焊料槽液面形成特定形状的焊料波峰,再将插装了元器件的印制电路板置于传送链上,以某一特定的角度、一定的浸入深度和一定的速度穿过焊料波峰而实现焊点焊接的过程。波峰焊示意图如图 5-22 所示。

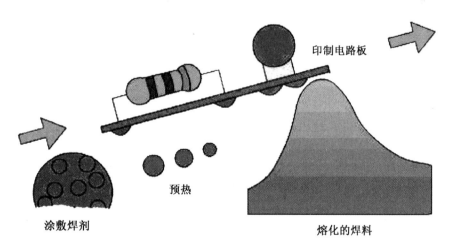

印制电路板

预热

涂敷焊剂

熔化的焊料

图 5-22　波峰焊示意图

波峰焊采用波峰焊机一次完成印制电路板上全部焊点的焊接。波峰焊机如图 5-23 所示,它由运输带、助焊剂添加区、预热区和锡炉组成。运输带的主要用途是将电路底板送入波峰焊机,沿途经助焊剂添加区、预热区、锡炉等。助焊剂添加区主要由红外线感应器及喷嘴组成。红外线感应器的作用是感应有没有电路底板进入,如果有,它便会测量出电路底板的宽度。助

焊剂的作用是在电路底板的焊接面上形成保护膜。预热区提供足够的温度，以便形成良好的焊点。锡炉内有发热线、锡泵，用于熔化焊锡并形成锡峰。

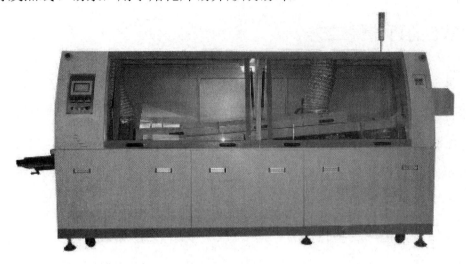

图 5-23　波峰焊机

电子产品的整机装配

电子产品的整机装配是以设计文件为依据，按照生产工艺文件的工艺规程和具体要求，将各种电子元器件、机电元件及结构件装连在印制电路板、机壳、面板等指定位置上，构成具有一定功能的完整电子产品的过程。

识读电子产品电路图和生产工艺文件是电子产品整机装配的基础。

任务一 识读电路图

电路图包括整机方框图、电路原理图和印制电路图。方框图是指用简单的方框代表一组元器件、一个部件或一个功能模块，用它们之间的连线表达信号通过电路的途径或电路的动作顺序。电路原理图是用电路符号表示电子元器件，用连线表示导线所构成的图形。电路原理图表示了电路的结构、元器件之间的连接关系，信号的处理和传输过程，以及各部分电路之间的联系。印制电路图表示电路原理图中各元器件在电路板上的分布状况和具体位置，并且给出了各元器件引脚之间的铜箔导线及走向，是专门用于安装、调试、测量和维修服务的电路图。

任务描述

基于超外差式调幅收音机的电路图，完成以下任务。

（1）根据超外差式调幅收音机的电路原理图，参考超外差式调幅收音机的方框图或自己设计一个方框图，在其中填入单元电路的名字，并画出几个关键点的波形。

（2）根据超外差式调幅收音机的电路原理图，分别写出各个元器件的名称和功能。

（3）对照超外差式调幅收音机的印制电路图，分别找出元器件的位置，要求每一分钟找出10个元器件，并将找到的元器件用铅笔圈注。

通过上述技能储备，进一步熟悉超外差式调幅收音机的方框图、单元电路图、印制电路图。

 **信息收集**

一、电路符号的识读

1. 常见的元器件文字符号和图形符号

常见的元器件文字符号和图形符号如表 6-1 所示。

表 6-1　常见的元器件文字符号和图形符号

元器件名称	文 字 符 号	图 形 符 号
电阻器	R	一般表示　　可调电阻器　　熔断器　　光敏电阻器
电容器	C	一般表示　　极性电容器
电感器	L	一般表示　　磁芯（铁芯）电感
二极管	VD	 一般表示　　光电二极管　　发光二极管　　稳压二极管
三极管	BG（VT）	PNP型　　NPN型
晶闸管（可控硅）	SCR	单向　　双向
电源	E	
扬声器	Y	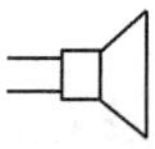 一般表示
传声器	MIC	一般表示　　驻极体电容式传声器
电动机	M	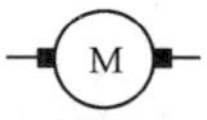 一般表示
灯	L	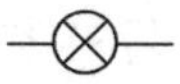 一般表示

2. 下脚标码

（1）同一电路图中，下脚标码表示同种元器件的序号，如 R_1、R_2、…，VT_1、VT_2、…。

（2）电路图由若干单元电路组成，可以在元器件文字符号的前面缀以标号，表示单元电路的序号。例如，有多个单元电路的电路图中，$3R_1$、$3VT_4$ 表示单元电路 3 中的元器件。也可以对上述元器件采用 3 位标码表示它的序号及其所在单元电路，如 R_{201}、VT_{204} 表示单元电路 2

中的元器件。

（3）下脚标码字号小一些的标注方法，如 R_1、R_2 常见于电路原理分析的书刊。但在工程图里，这样的标注有弊端：第一，采用小字号下标的形式，为制图增加了难度，而 CAD 电路设计软件中一般不提供这种形式；第二，工程图上的小字号下脚标码容易被模糊、污染，可能导致混乱。因此，工程图里一般采用下脚标码平排的形式，如 1R1、1R2 或 R101、R102，这样更加安全可靠。

（4）当一个元器件有几个功能独立的单元时，应在标码后面再加附码，如三刀三掷开关的表示方法如图 6-1 所示。

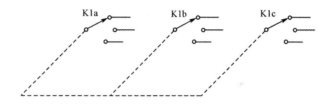

图 6-1　三刀三掷开关的表示方法

二、识读方框图

电子产品的方框图主要有以下三类。

1．整机方框图

整机方框图是表示整机结构的，图 6-2 所示为超外差式调幅收音机的整机方框图，它能让我们一眼就看出电路的全貌、主要组成部分及各级电路的功能。

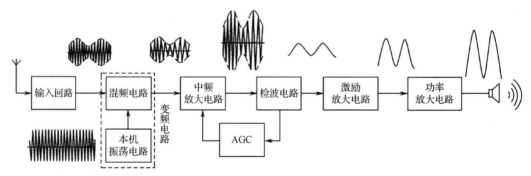

图 6-2　超外差式调幅收音机的整机方框图

2．系统方框图

系统方框图就是用方框图形式表示系统电路的组成情况，它是整机方框图下一级的方框图，往往比整机方框图更加详细。

3．集成电路方框图

有的集成电路内部相当复杂，因此很多情况下都采用方框图来表示集成电路内部电路的组成、信号流程和相关引脚的功能。在学习集成电路相关知识时会经常用到集成电路方框图。

三、识读整机电路原理图

准确分析电路原理图信号的传输流向、直流供电及单元电路的原理，是识读整机电路原理图的关键环节。

1. 信号的传输流向

要想分析信号的传输流向，必须分析电路各单元之间的关系、各部分电路的输入与输出。超外差式调幅收音机信号的传输流向如图6-3所示，图中用箭头指示出了超外差式调幅收音机信号的传输流向。

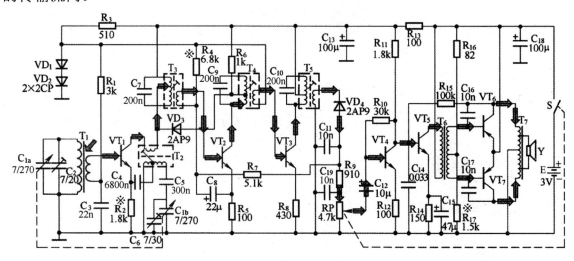

图6-3 超外差式调幅收音机信号的传输流向

2. 直流供电

在检修各种电子设备时，首先应从电路原理图中分析直流供电关系，以便对电路进行分析，这是检修工作中的重要步骤之一。一般情况下，电子产品的电源为直流电源，因此有正、负极之分。分析直流电路时可以以公用端即零电位端为基点来分析其他各点电压的大小。超外差式调幅收音机的直流供电图如图6-4所示，图中用箭头指明了超外差式调幅收音机直流供电的情况。

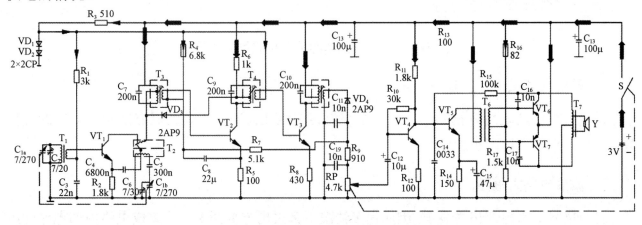

图6-4 超外差式调幅收音机的直流供电图

在学习识读整机电路原理图时，只要紧紧抓住信号的传输流向和直流供电方向这两个关键点，经过一段时间的分析电路图的实践，一定会有所进步。

3. 识读单元电路图

识读单元电路图的主要任务是掌握电路原理、功能、结构、类型、信号的变换过程、波形与参数。下面按照信号的传输流向来分析超外差式调幅收音机的各单元电路。

1）输入回路的识读

常见的输入回路有磁性天线输入回路和外接天线输入回路两种。在通常情况下，磁性天线输入回路用于中波广播的接收，外接天线输入回路用于短波和调频广播的接收。输入回路的识读如表 6-2 所示。

表 6-2　输入回路的识读

项　　目	说　　明
电路结构	
元器件作用	（1）磁性天线 T_1：感应接收信号，磁棒汇集大量不同频率的电磁波，其中，L_1 为调谐线圈，L_2 为输入耦合线圈 （2）双联调谐电容 C_{1a}：调谐 （3）补偿电容 C_2：使输入回路、本振回路的频率同步
电路工作原理	由磁性天线或外接天线所产生的感应电动势馈入输入回路中。输入回路的调谐线圈 L_1 与调谐电容 C_{1a} 组成 LC 串联谐振电路，其谐振频率为 $f=\dfrac{1}{2\pi\sqrt{LC_{1a}}}$。调节双联调谐电容 C_{1a} 使回路谐振在某一电台的频率上，这时，该电台信号在调谐线圈 L_1 上的感应电动势最强，则该频率的电台信号就被选择出来，经调谐线圈 L_1、输入耦合线圈 L_2 的耦合将信号送入后级变频电路。双联调谐电容用来实现输入电路频率与本振电路频率的同步跟踪，以保证本振信号频率总比输入信号频率高 465kHz
电路作用	选择所要接收的电台信号。不同的电台信号有不同的频率，输入回路的任务是从接收到的各种不同频率的信号中选出所要接收的电台信号，并抑制其他无用信号及各种噪声信号
电路要求	（1）要有良好的选择性 （2）频率覆盖要正确 （3）电压传输系数要大

2）变频电路的识读

变频电路由本机振荡器、混频器和选频回路三部分组成。变频电路的识读如表 6-3 所示。

表 6-3　变频电路的识读

项　目	说　明
电路结构	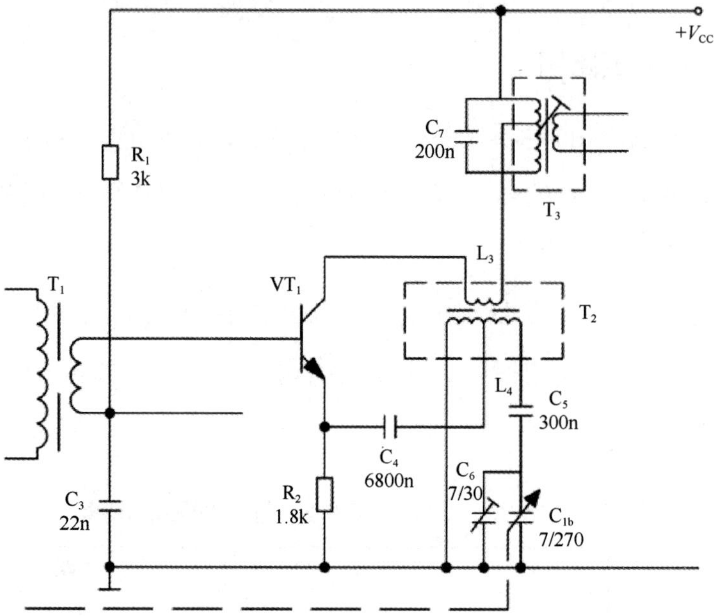
元器件作用	（1）变频管 VT_1：变频 （2）T_2 的初级 L_3：耦合信号，并为振荡信号提供正反馈支路 （3）高频旁路电容 C_3：使变频管基极高频接地，对本振信号构成共基极电路 （4）振荡耦合电容 C_4：将振荡信号注入发射极 （5）发射极电阻 R_2：起直流负反馈、稳定工作点作用，又是振荡回路的负载 （6）基极偏置电阻 R_1：给基极提供直流偏置 （7）T_2 的次级 L_4：本机振荡线圈（调谐电感） （8）补偿电容 C_6：高端跟踪 （9）垫整电容 C_5：低端跟踪 （10）谐振电容 C_7：与中频变压器 T_3 组成并联谐振网络 （11）中频变压器 T_3：与电容 C_7 组成并联谐振网络 （12）双联调谐电容 C_{1b}：调谐
电路工作原理	本机振荡器产生一个比电台信号高频载波 f_1 高 465kHz 的高频等幅振荡信号，其频率为 f_2。f_2 与 f_1 一起送入混频器，在混频器中利用晶体管的非线性功能，对两路信号进行混频处理，使混频器输出频率分别为（f_2+f_1）、（f_2-f_1）的调幅波分量。在混频器的输出端，利用谐振频率为 465kHz 的选频回路，选出 465kHz 中频信号，从而完成变频过程
电路作用	变换所接收电台信号的载波频率，即将输入电路选出的各个电台信号由原来的载波频率都变为固定的中频（465kHz），同时保持中频信号的包络与原高频信号包络完全一致。该电路是超外差式调幅收音机的重要组成部分
电路要求	（1）要有良好的频率跟踪特性，即本振频率要始终比电台频率高 465kHz （2）工作稳定性要好，噪声系数小，增益适当

3）中频放大电路的识读

中频放大电路通常由 2～3 级放大电路组成，其方框图如图 6-5 所示。中频放大电路的识读如表 6-4 所示。

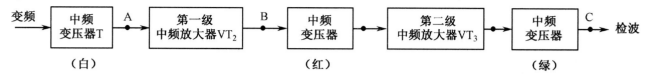

图 6-5　中频放大电路的方框图

表 6-4　中频放大电路的识读

项　目	说　明
电路结构	（见电路图）
元器件作用	（1）VT₂：第一级中频放大器 （2）VT₃：第二级中频放大器 （3）R₄：基极偏置电阻 （4）R₅：VT₂发射极负反馈电阻 （5）R₆：阻尼二极管偏置电阻 （6）R₈：VT₃发射极负反馈电阻 （7）C₉：T₄初级并联谐振电容 （8）C₁₀：T₅初级并联谐振电容 （9）T₄：中频变压器 （10）T₅：中频变压器
电路工作原理	中频变压器 T₄ 的初级线圈与谐振电容 C₉ 并联，组成 LC 谐振回路。改变初级线圈的电感量，可使回路的 465kHz 中频信号谐振。中频变压器 T₄ 要具有一定的通频带和良好的选择性。中频变压器 T₅ 的初级线圈与谐振电容 C₁₀ 并联，组成 LC 谐振回路。与选频原理相同，但此中频放大电路要具有较宽的通频带和较好的选择性。中频变压器还起到阻抗变换的作用
电路作用	中频放大电路的主要作用是放大和选频： （1）对中频信号进行放大，即对变频电路送来的 465kHz 中频信号进行放大，以提高整机的灵敏度 （2）对中频信号进行选频，即通过选频回路对中频信号进行进一步筛选，以提高整机的选择性，然后将筛选出的经放大的中频信号送到检波电路进行检波
电路要求	（1）增益要高，中放级应具有 60～70dB 的增益 （2）选择性要好，通常要求中频放大电路的选择性为 20～40dB （3）通频带要合适

4）检波电路的识读

检波电路包括检波器件和低通滤波电路两大部分，其方框图和波形图如图 6-6 所示。检波电路的识读如表 6-5 所示。

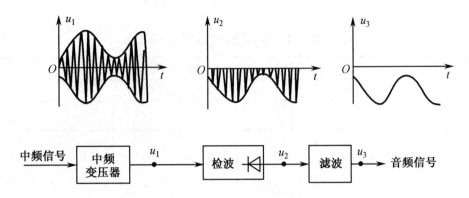

图 6-6　检波电路的方框图和波形图

表 6-5　检波电路的识读

项　　目	说　　明
电路结构	 （见电路图：T_5、VD_4 2AP9、C_{11} 10n、C_{19} 10n、R_9 910、RP 4.7k、C_{12} 10μ，去低频（音频）放大）
元器件作用	（1）VD_4：检波二极管 （2）R_9、C_{11}、C_{19}：构成 π 形低通滤波器 （3）RP：音量电位器 （4）C_{12}：隔直耦合电容
电路工作原理	利用二极管的单向导电特性把中频信号的正半周截去，变成只有负半周的中频脉动信号，这个脉动信号包含了直流成分、音频、中频及其谐波等，再经过低通滤波电路滤除中频和其他高频干扰信号。检波后的音（低）频分量降在音量电位器 RP 上，经隔直耦合电容 C_{12} 隔去直流分量后即可得到音频信号，送往音频放大器电路
电路要求	（1）检波效率高 （2）检波失真小 （3）滤波性能好

5）自动增益控制（AGC）电路的识读

AGC 电路的作用是根据接收电台信号的强弱自动调节放大电路的增益，以保证放大电路输出信号的大小基本不变。AGC 电路的方框图和波形图如图 6-7 所示。AGC 电路的识读如表 6-6 所示。

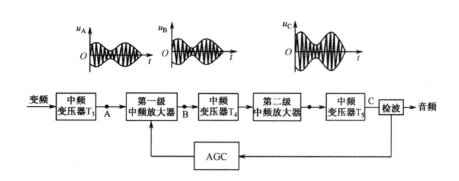

图 6-7　AGC 电路的方框图和波形图

表 6-6　AGC 电路的识读

项　目	说　明
电路结构	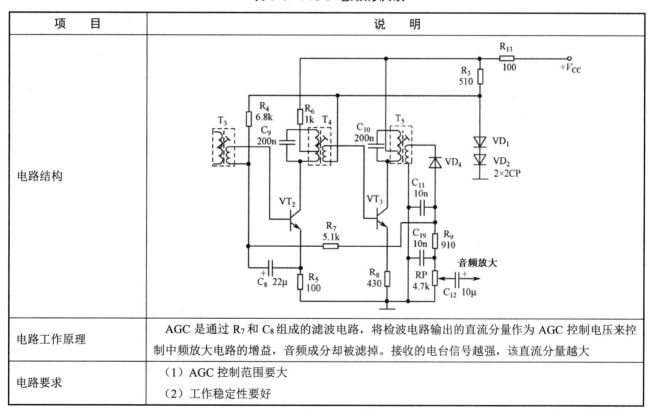
电路工作原理	AGC 是通过 R_7 和 C_8 组成的滤波电路，将检波电路输出的直流分量作为 AGC 控制电压来控制中频放大电路的增益，音频成分却被滤掉。接收的电台信号越强，该直流分量越大
电路要求	（1）AGC 控制范围要大 （2）工作稳定性要好

6）低频放大电路的识读

从检波器得到的音频信号很弱，无法推动扬声器正常工作，必须对音频信号进行放大处理。低频放大电路的作用就是将检波输出的音频信号放大，使其有足够大的功率推动扬声器正常工作。

从检波器输出端到扬声器之间的电路叫作低频放大电路，它包括低频电压放大电路（简称前置低放）和功率放大电路，其方框图和波形图如图 6-8 所示。低频放大电路的识读如表 6-7 所示。

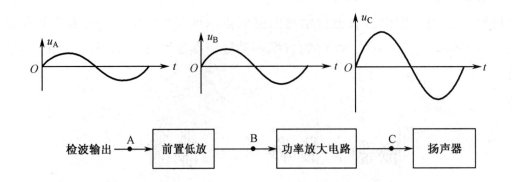

图6-8　低频放大电路的方框图和波形图

表6-7　低频放大电路的识读

项　目	说　明
电路结构	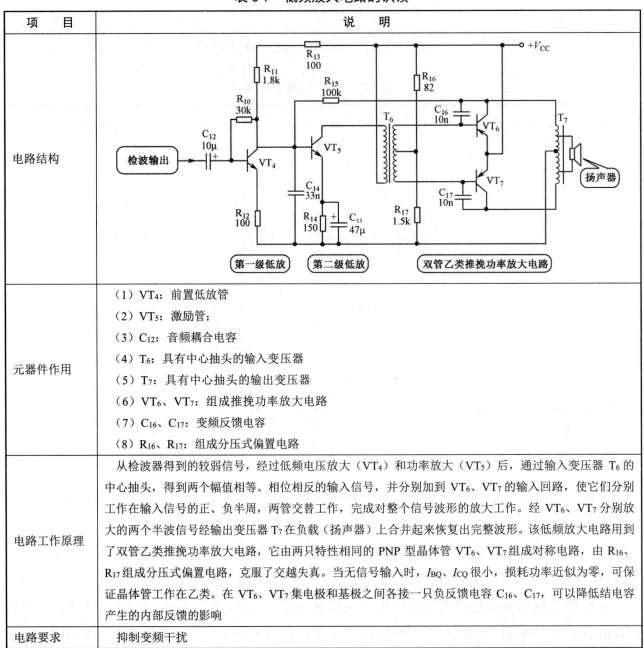
元器件作用	（1）VT$_4$：前置低放管 （2）VT$_5$：激励管； （3）C$_{12}$：音频耦合电容 （4）T$_6$：具有中心抽头的输入变压器 （5）T$_7$：具有中心抽头的输出变压器 （6）VT$_6$、VT$_7$：组成推挽功率放大电路 （7）C$_{16}$、C$_{17}$：变频反馈电容 （8）R$_{16}$、R$_{17}$：组成分压式偏置电路
电路工作原理	从检波器得到的较弱信号，经过低频电压放大（VT$_4$）和功率放大（VT$_5$）后，通过输入变压器 T$_6$ 的中心抽头，得到两个幅值相等、相位相反的输入信号，并分别加到 VT$_6$、VT$_7$ 的输入回路，使它们分别工作在输入信号的正、负半周，两管交替工作，完成对整个信号波形的放大工作。经 VT$_6$、VT$_7$ 分别放大的两个半波信号经输出变压器 T$_7$ 在负载（扬声器）上合并起来恢复出完整波形。该低频放大电路用到了双管乙类推挽功率放大电路，它由两只特性相同的 PNP 型晶体管 VT$_6$、VT$_7$ 组成对称电路，由 R$_{16}$、R$_{17}$组成分压式偏置电路，克服了交越失真。当无信号输入时，I_{BQ}、I_{CQ}很小，损耗功率近似为零，可保证晶体管工作在乙类。在 VT$_6$、VT$_7$ 集电极和基极之间各接一只负反馈电容 C$_{16}$、C$_{17}$，可以降低结电容产生的内部反馈的影响
电路要求	抑制变频干扰

四、识读印制电路图

1．印制电路图的表示方式

1）图纸表示方式

超外差式调幅收音机的印制电路图图纸表示方式如图 6-9 所示，可以方便地在印制电路图中找到元器件的位置，然后将印制电路图与电路板对照，找到元器件实物。

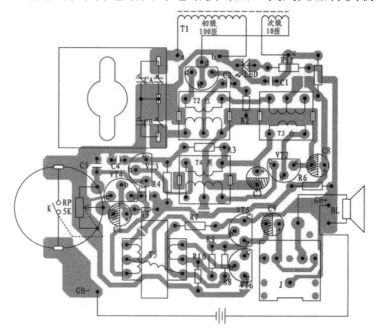

图 6-9　超外差式调幅收音机的印制电路图图纸表示方式

2）直标方式

直标方式是没有图纸的，它把印制电路图直接印制在电路板上，图中包含各个元器件的俯视轮廓图、元器件编号，对于有极性的元器件还标出了其极性位置，以便于准确安装。对于单面板，其印制电路图上仅有元器件的俯视轮廓图、元器件编号、极性标志。单面板的印制电路图如图 6-10 所示。对于双面板，其印制电路图上还有焊盘、顶层铜模导线。双面板的印制电路图如图 6-11 所示。

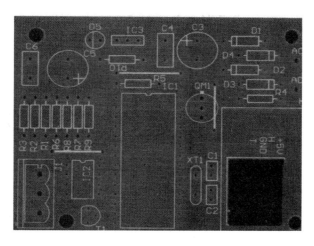

图 6-10　单面板的印制电路图

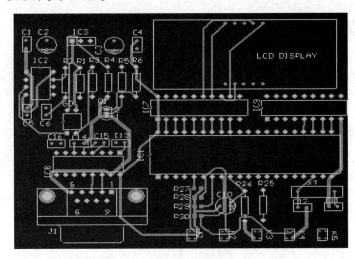

图 6-11　双面板的印制电路图

直标方式的特点是直接在印制电路板中找元器件实物，因此有个寻找过程。另外，图纸就在印制电路板上，不会丢失。但是当印制电路板较大、有多块印制电路板或印制电路板在机壳底部时，寻找就会比较困难。

2．识读印制电路图的方法和技巧

因为在设计印制电路图时要考虑前后级间的干扰、接地位置、元器件的大小、开关与接插件的安排及整机配套安装的合理布局等一系列工艺问题，所以印制电路图不一定和原理图布局一样。不管是识读哪种类型的印制电路图，初学者都会感到有一定困难，其实识读时有一些方法和技巧。

（1）同一个单元电路中的元器件是集中在一起的，也可以根据相同的单元序号，查找同一功能单元的元器件。

（2）可根据元器件的外形特征查找元器件。例如，集成电路焊盘密集、有规律，小功率三极管半圆形内有三个焊盘，开关件、变压器等也容易识别。

（3）一些单元电路是比较有特征的，根据这些特征可以方便地找到它们。例如，整流电路中的二极管比较多，功率放大管上有散热片，滤波电容器的体积大等。

（4）当电路中的电阻器、电容器很多时，找起来很不方便，可以采用间接查找的办法先找到与它们相连的有特征的元器件（如晶体管、集成电路、数码管），然后在其附近查找，或通过印制电路板的连线找到它们。

（5）地线占有大面积铜箔或线路最宽，且一块电路板上的地线是相连的。另外，一些元器件的金属外壳、单元电路的金属屏蔽罩是接地的。这样就很容易找到地线。

（6）在印制电路图和实际的电路板上标注好对应的识图方向，以便拿起印制电路图就能与实际的电路板有同一个识图方向，这样可避免每次都要辨认和调整。

（7）有极性的元器件，如电解电容器、三极管、二极管，在印制电路图上有极性和安装方向的标志，可以帮助辨别电流的方向、电源及接地的位置。常用的有极性和安装方向的元器件标识如图 6-12 所示。

（a）电解电容器　　　　　　　（b）三极管　　　　　　（c）二极管

图 6-12　常用的有极性和安装方向的元器件标识

阅读与思考

鲁班学艺

鲁班是春秋时鲁国人，又名公输盘。他不是中国历史上第一个木工，却有着高超的手艺与出色的创造力。据说他是钻、刨子、锯子、铲子、曲尺、墨斗、鲁班锁的发明者或改良者。这位祖师爷级的奇人是怎样成长为绝世工匠的呢？

据说鲁班为了拜师学艺，翻越了九十九座大山，趟过了九十九条大河，来到终南山下时，当地人告诉他要走九百九十九条道正中的那一条，才能见到隐居深山的木工大师。

当鲁班拜师的时候，师父并没有一开始就教他工匠手艺，而是先让他把钝了的斧头、刨子、凿子磨"利"。鲁班二话不说，磨了七天七夜，把这些工具磨得非常锋利。

可是，师父还是没教他手艺，而是让他把门前那棵大树给锯下来。那棵大树大到需要几个人才能合抱。鲁班没有畏难情绪，默默地用锯子锯了十二天十二夜，终于把大树锯倒了。

谁知师父又让他把大树砍成一根光滑圆润的梁柱。换作别人，可能早就不耐烦地放弃了，鲁班却没问缘由，又认真地砍了十二天十二夜，完成了这个任务。

没想到，师父检查了梁柱以后，又要求鲁班在梁柱上凿两千四百个小孔，必须是方孔、圆孔、三角孔和扁孔整整齐齐地各凿六百个。等鲁班一丝不苟地做完这件事时，已经是十二天十二夜之后了。

师父对鲁班的表现非常满意，便将他领进屋里。只见屋中摆满了各种精致的建筑模型与家具模型，鲁班看得惊叹不已。师父要求他把所有的模型都拆开再装回去，然后就离开了。

就这样，鲁班每天都扎在屋里研究各种模型。他把所有的模型都拆装了好多遍，熟悉了各种木器与建筑的构造。不知不觉，三年过去了。师父一把火烧掉了所有的模型，然后让他全部再造出来。鲁班顺利地通过了这次难度极高的考试，后来又按照师父的新构想做出了许多新作品。

至此，鲁班年纪轻轻就出师了，成为天下公认的能工巧匠，被历代工匠尊为祖师爷。

根据以上信息，认真思考以下问题：

（1）此故事蕴含着什么样的道理？从工匠精神的角度谈谈你的理解。

（2）识读电路图是电子产品整机装配的基础。结合此故事谈谈你如何识读电路图，以及最终要达到的效果。

任务实施

收音机方框图、电路原理图、印制电路图的解读

1．任务目标

进一步熟悉超外差式调幅收音机的方框图、单元电路图、印制电路图。

2．所需器材

超外差式调幅收音机的电路原理图、印制电路图各一份。

3．完成内容

（1）根据超外差式调幅收音机的电路组成，在图 6-13 所示的超外差式调幅收音机方框图中填入单元电路的名称，并画出 A、B、C、D、E、F、G 各部分的波形。

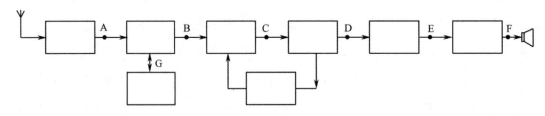

图 6-13　超外差式调幅收音机方框图

（2）根据超外差式调幅收音机的电路原理图，列表写出各个元器件的名称和功能。

（3）识读超外差式调幅收音机印制电路的记录表如表 6-8 所示。对照超外差式调幅收音机的印制电路图（见图 6-9），分别找出表 6-8 中的元器件的位置，要求每一分钟找出 10 个元器件，并将找到的元器件用铅笔圈注。

表 6-8　识读超外差式调幅收音机的印制电路图

元 器 件	查找印制电路板	元 器 件	查找印制电路板	元 器 件	查找印制电路板	元 器 件	查找印制电路板
R_1		C_1		T_1		VT_1	
R_2		C_2		T_2		VT_2	
R_3		C_3		T_3		VT_3	
R_4		C_4		T_4		VT_4	
R_5		C_5		T_5		VT_5	
R_6		C_6		T_6		VT_6	
R_7		C_7		T_7		VT_7	
R_8		C_8		C_{17}		VD_1	
R_9		C_9		C_{18}		VD_2	
R_{10}		C_{10}		C_{19}		VD_3	

4．任务评价

任务检测与评估

检 测 内 容	分　值	评 分 标 准	学 生 自 评	教 师 评 估
收音机方框图的填写、波形图的绘制、元器件的查找	45	方框图名称填写错误一个扣 2 分；波形图绘制错误一个扣 2 分；元器件查找错误一个扣 2 分。扣分不得超过 45 分		
各元器件的名称和功能	35	元器件名称写错一个扣 0.5 分；功能写错一个扣 0.5 分。扣分不得超过 35 分		
安全操作	10	不按照规定操作、损坏图纸，扣 4～10 分。扣分不得超过 10 分		
现场管理	10	结束后没有整理现场，扣 4～10 分。扣分不得超过 10 分		
合计	100			

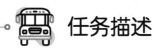

任务二　识读生产工艺文件

任务描述

基于以上学习过的超外差式调幅收音机电路图和整机装配元器件，在电脑上编写一份超外差式调幅收音机装配文件。要求从工艺文件封面、工艺文件目录、所需工具明细、生产工艺说明、导线及线扎的加工、装配工艺流程、元件装配工艺过程等角度考虑。

信息收集

一、电子产品生产工艺文件的种类和内容

1.电子产品生产工艺文件的种类

根据电子产品的特点，生产工艺文件通常可分为工艺管理文件和工艺规程文件两大类。

1）工艺管理文件

工艺管理文件是企业组织生产、进行生产技术准备工作的文件，它规定了产品的生产条件、工艺路线、工艺流程、工具设备、调试及检验仪器、工艺装置、材料消耗定额和工时消耗定额。图 6-14 所示为某调幅收音机所需的调试及检验仪器明细表。图 6-15 所示为某调幅收音机所需的工具明细表。

	调试及检验仪器明细表				产品型号和名称		产品图号	
					S66E 调幅收音机			
	序　号	型　号	名　称		数　量		备　注	
	1		高频信号发生器		4			
	2		示波器		4			
	3		3V 稳压器		4			
	4		真空管毫伏表		4			
	5		500 型万用表		6			
	6		数字式万用表		1			

旧底图总号	更改标记	数量	更改单号	签名	日期	签名	日期	第 1 页
						拟制		
						审核		共 1 页
底图总号								第 1 册　第 11 页
						标准化		

图 6-14　某调幅收音机所需的调试及检验仪器明细表

	工具明细表				产品型号和名称		产品图号	
					S66E 调幅收音机			
	序　号	型　号	名　称		数　量		备　注	
	1	SL-A 型 60W	60W 手枪烙铁		10			
	2	SL-A 型 61W	烙铁芯		10			
	3	SL-A 型 62W	烙铁头		10			
	4		25W 内热式电烙铁		10			
	5		烙铁芯		10			
	6		长寿命烙铁头		10			
	7		气动剪刀		3			
	8		气动剪刀头		3			
	9		气动螺丝刀		10			
	10		十字气动螺丝刀头		10			
	11		4″ 一字螺丝刀		20			
	12		4″ 十字螺丝刀		20			
	13		锋钢剪刀		10			
	14		不锈钢镊子		20			
	15		125mm 尖头钳		20			
	16		125mm 斜口钳		5			
	17		500mm 钢皮尺		2			
	18		150mm 钢皮尺		2			
	19		电子秒表		1			
	20		0.82～0.87 密度计		4			
	21		密度计玻璃吸管		4			
	22		1～2 升塑料量杯		2			
	23		80mm×120mm 搪瓷方盘		2			
	24		塑料点漆壶		1			
	25		元器件料盒		300			
	26	480mm×360mm×120mm	塑料存放箱		10			
	27		不锈钢汤勺		1			

旧底图总号	更改标记	数量	更改单号	签名	日期	签名	日期	第 1 页
						拟制		
						审核		共 2 页
底图总号								第 1 册　第 9 页
						标准化		

图 6-15　某调幅收音机所需的工具明细表

2）工艺规程文件

工艺规程文件是规定产品制造过程和操作方法的技术文件，它主要包括零件加工工艺、元件装配工艺、导线加工工艺、调试及检验工艺的操作要求和操作步骤，还给出了各个工艺的工时定额。

2. 电子产品生产工艺文件的内容

在电子产品的生产过程中一般包含准备工序、流水线工序和调试检验工序，生产工艺文件按照每个工序的职责和操作编制了岗位操作人员具体的操作步骤，给出了操作的具体内容。

1）准备工序工艺文件的编制内容

准备工序工艺文件的编制内容包括元器件的筛选、元器件引脚的成形和挂锡、线圈和变压器的绕制、导线的加工、线束的捆扎、电缆制作、剪切套管、打印标记等。这些工作不适合流水线装配，是按照工序顺序分别编制出相应的工艺文件。

2）流水线工序工艺文件的编制内容

流水线工序工艺文件的编制内容主要是针对电子产品的装配和焊接工序，这道工序大多在流水线上进行。编制的内容如下。

（1）确定工序。按照电子产品的生产过程，确定流水线上需要的工序数目。这时应考虑到各工序所用时间的平衡性，各个工序上的劳动量和工时应大致接近。例如，一台收音机印制电路板的组装焊接，可按局部元器件的分布分工制作。

（2）确定工时。根据操作内容的多少，确定出每个工序的工时。按照操作人员的生产疲劳时间，可以确定出一般小型机每个工序的工时不超过 5min，大型机每个工序的工时不超过 30min，再进一步计算出日产量和生产周期。

（3）确定工序。电子产品的生产工序应合理安排，要考虑到操作的省时、省力和方便，尽量避免让工件来回翻动和重复往返。

（4）装焊分开。安装工序和焊接工序应分开安排，每个工序尽量不使用多种工具，以便进行简单操作、熟练掌握，保证优质高产。

3）调试检验工序工艺文件的编制内容

调试检验工序工艺文件的编制内容应标明测试仪器的种类、等级标准及连接方法，标明各项技术指标的规定值，标明每个测试环节的测试条件和方法，明确给出该工序的检验项目和检验方法。

二、电子产品生产工艺文件的格式

生产工艺文件包括专业工艺规程、各具体工艺说明及简图、产品检验说明（方式、步骤、程序等），这类文件一般有专用格式，具体包括工艺文件封面、工艺文件目录、工艺文件更改通知单、工艺文件明细表等。

电子产品生产工艺文件的格式按照电子行业标准 SJ/T 10324—1992 执行，应根据具体电子产品的复杂程度及生产的实际情况，按照规范进行编写，并配齐成套，装订成册。

1. 编写生产工艺文件的格式要求

尽管电子产品不一样会导致生产工艺文件的内容不同，但是编写生产工艺文件的格式是有统一要求的。

（1）文件成套。生产工艺文件要有一定的格式和幅面，图幅大小应符合有关标准，并保证生产工艺文件的成套性。

（2）内容规范。生产工艺文件中的字体要正规，图形要正确，书写应清楚。

（3）前后一致。生产工艺文件上的名称、编号、图号、符号、材料和元器件代号等应与电子产品的设计文件保持一致。

（4）安装有据。安装图在生产工艺文件中可以按照工序全部绘制，也可以只按照各工序安装件的顺序，参照设计文件安装，但是一定要有一个安装依据。

（5）照图排线。线束图尽量采用1:1图样，以便于准确捆扎和排线。大型线束可用几幅图纸拼接，或用剖视图标注尺寸，以便于按照图纸进行排线。

（6）接线明确。在装配接线图中连接线的接点要明确，接线部位要清楚，必要时产品内部的接线可假设移出展开。各种导线的标记由生产工艺文件决定。

（7）焊接有位。焊接工序应画出接线图，各元器件的焊接位置一定要画出明确的位置示意图。

（8）审核批准。编制完成的生产工艺文件要执行审核、批准等手续。

（9）及时修订。当设备更新和进行技术革新时，应及时修订生产工艺文件。

2. 各种生产工艺文件格式的具体要求

1）文件封面的格式要求

某调幅收音机的生产工艺文件封面如图6-16所示。

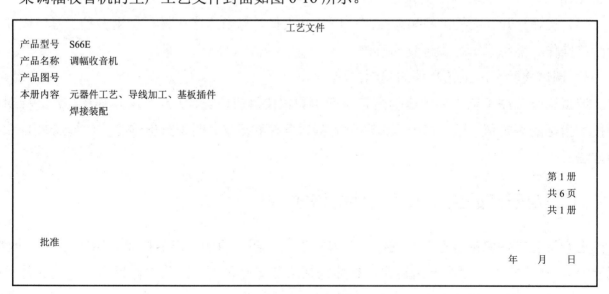

图6-16　某调幅收音机的生产工艺文件封面

生产工艺文件的封面是在文件装订成册时使用的。简单电子产品的生产工艺文件可按整机装订成一册，复杂电子产品的生产工艺文件可按几个单元分别装订成册。

2）生产工艺文件目录表的格式要求

某调幅收音机的生产工艺文件目录表如图 6-17 所示。

生产工艺文件目录表				产品型号和名称		产品图号	
				S66E 调幅收音机			
序　号	产品代号	零、部、整件名称		页　数		备　注	
1	G1	工艺文件封面		1			
2	G2	工艺文件目录		2			
3	G3	元器件明细工艺表		3			
4	G4	导线及线扎加工表		4			
5	G5	装配工艺过程卡		5			
6	G6	工艺说明及简图		6			
旧底图总号	更改标记	数量	更改单号	签名	日期	签名	日期	第 2 页	
						拟制			
						审核		共 6 页	
底图总号						标准化		第 1 册	第 13 页

图 6-17 某调幅收音机的生产工艺文件目录表

生产工艺文件目录表是文件装订顺序的依据。目录表既可作为移交生产工艺文件的清单，也便于查阅每一种组件、部件和零件所具有的各种生产工艺文件的名称、页数和装订次序。

3）生产工艺说明表的格式要求

图 6-18 所示为某调幅收音机的生产工艺说明表，它可以作为任何一个工艺过程的工序卡，供画图表及文字说明用，也可供编制规定格式以外其他工艺过程使用，如调试说明、检验要求、各种典型工艺文件等。

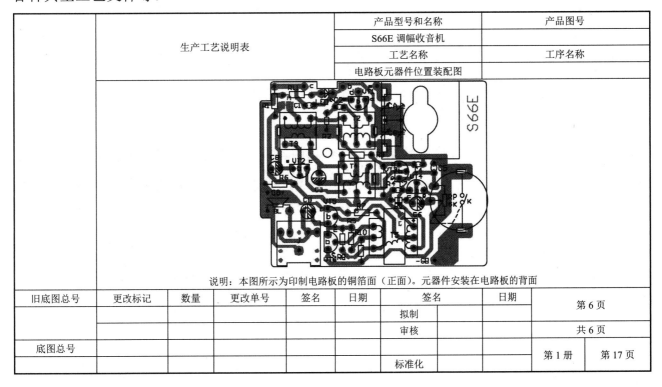

图 6-18 某调幅收音机的生产工艺说明表

4）导线及线扎加工表的格式要求

导线及线扎加工表列出了整机产品所需的各种导线和线扎等线缆用品，此表要便于观看、标记醒目、不易出错。某调幅收音机的导线及线扎加工表如图6-19所示。

		导线及线扎加工表							产品型号和名称		产品图号			
									S66E 调幅收音机					
序号	线号	材料		导线修剥尺寸（mm）				导线焊接处		设备	工时定额	备注		
		名称规格	颜色	L 全长	A 剥头	B 剥头	数量	A 端焊接处	B 端焊接处					
1	W1	塑料线 AVR1×12	红	90	4	4	1	印制电路板 GB+	电池正极焊片					
2	W2	塑料线 AVR1×12	黑	90	4	4	1	印制电路板 GB-	电池负极焊片					
3	W3	塑料线 AVR1×12	蓝	70	4	4	1	印制电路板 BL 左端	扬声器（+）					
4	W4	塑料线 AVR1×12	白	70	4	4	1	印制电路板 BL 右端	扬声器（-）					
旧底图总号	更改标记	数量	更改单号	签名	日期	签名		日期	拟制		第4页			
						审核			共6页					
底图总号						标准化			第1册 第15页					

图 6-19　某调幅收音机的导线及线扎加工表

3. 工艺流程图

工艺流程图包括工艺流程框图和元件装配工艺过程卡等。

1）工艺流程框图

电子产品的生产工艺流程框图是指在生产过程中，操作者使用生产工具将各种元器件、电路板、外壳等部件通过一定的设备，按照一定的顺序连续进行加工，最终使之成为电子产品成品的方法与过程。

编写工艺流程框图的基本原则是技术先进和经济合理。由于不同电子产品生产厂的设备生产能力和操作人员的熟练程度等因素大不相同，所以即使对于同一种电子产品而言，不同工厂制定的工艺流程框图可能都是不同的，甚至同一个工厂在不同时期所设计的工艺流程框图也可能不同。

可见，就某一电子产品而言，工艺流程框图具有不确定性和不唯一性。某调幅收音机的工艺流程框图如图6-20所示。

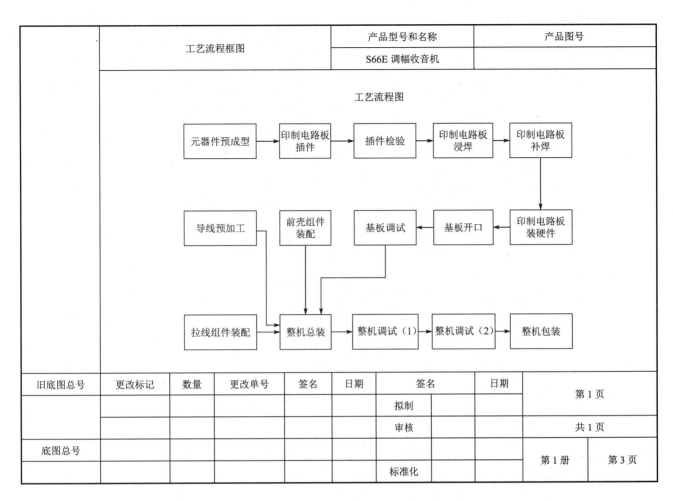

旧底图总号	更改标记	数量	更改单号	签名	日期	签名	日期	第 1 页	
						拟制			
						审核		共 1 页	
底图总号									
						标准化		第 1 册	第 3 页

图 6-20　某调幅收音机的工艺流程框图

2）元件装配工艺过程卡

元件装配工艺过程卡是用来指导生产人员加工电子产品的操作文件。简易电子产品的元件装配工艺过程卡是统一编制一个简易的工艺流程，写出各个工序名称，给出各个工序的工装，给出每道工序操作的具体步骤。

元件装配工艺过程卡是电子产品整机装配中的重要文件，在准备工作的各工序和流水线的各工序都要用到它。其中，安装图、连线图、线束图等都采用图卡合一的格式，即在一幅图纸上既有图形又有材料表和设备表，材料顺序按照操作先后次序排列。有些要求在图形上不易表达清楚，可在图形下方加注简要说明。

复杂电子产品的元件装配工艺过程卡内容比较多，每一道工序都有专用的元件装配工艺过程卡，在元件装配工艺过程卡中包含本工序的安装加工图、仪器设备的使用、本道工序元件的安装数量和安装要求、安装完毕后的检验标准、操作人员的操作步骤等。

元件装配工艺过程卡一般为表格形式，文字简洁，表意明确，方便使用。

某调幅收音机的元件装配工艺过程卡如图 6-21 所示。

元件装配工艺过程卡			装配件名称				装配件图号		
			基板插件焊接工艺						
位号	装入件及辅助材料		车间	工序号	工种	工序（步骤）内容及要求	设备及工装	工时定额	备注
	代号、名称、规格	数量							
VT1	3DG201 三极管	1 支		1		按装配图位号插装、焊接	电烙铁焊锡丝扁口钳		
VT2 VT3	3DG201 三极管	2 支		1					
VT4	3DG201 三极管	1 支		1					
VT5 VT6	9013H 三极管	2 支		1					
LED	发光二极管（红）	1 支		2		插平后焊接			
T1	5mm×13mm×55mm 磁棒线圈	1 套		2					
T2 T3 T4	中周（红、白、黑）	3 个		2					
T5	E 型六个引脚 输入变压器	1 个		2					
BL	58mm 扬声器	1 个		2					
R6 R8 R10	100Ω 电阻器	3 支		3		按装配图位号插装、焊接			
R7 R9	120Ω 电阻器	2 支		3					
R11 R2	330Ω 1.8kΩ	各 1 支		3					
R4 R5	30kΩ 100kΩ	各 1 支		3					
R3 R1	120kΩ 200kΩ	各 1 支		3					
RP	5K（带开关插脚式）	1 支		3					
C6 C3	0.47、10 电解电容器	各 1 支		4					
C8 C9	100 电解电容器	2 支		4					
C2 C1	682、103 瓷片电容器	各 1 支		4					
C4 C5 C7	223 瓷片电容器	3 支		4					
CA	CBM-223P 双联电容器	1 支		4					
	收音机前后盖	各 1 个		5			螺丝刀		
	刻度尺和音窗	各 1 块		5					
	双联拨盘	1 个		5					
	电位器拨盘	1 个		5					

旧底图总号	更改标记	数量	更改单号	签名	日期		签名	日期	第 5 页
						拟制			
						审核			共 6 页
底图总号									
						标准化		第 1 册	第 16 页

图 6-21　某调幅收音机的元件装配工艺过程卡

阅读与思考

厚积薄发

老子说过："大丈夫处其厚，不居其薄；处其实，不居其华。"做人应该厚重务实，不能轻薄浮华，否则迟早会在学习、工作中摔跟头。

无论在哪个领域，出类拔萃的大师都是靠过硬的真本事立身的。那些企图投机取巧的模仿者只能照搬大师的皮毛，无从获得其神韵，由此做出的成果必然因含金量不足而无法经受时间的检验。

如今各式各样的"成功学"遍地都是，但这些理论让企图快速获得成功的人们变得越来越浮躁，越来越执着于走捷径。他们把 99% 的精力用来找捷径，在不知不觉中耗费了原本可以练成真功夫的时间，最终依然碌碌无为、满腹牢骚。

其实，每个人的先天条件不一样，所处的后天环境也大相径庭。成功是多种主客观因素共同作用的结果，别人的成功模式对你可能有一定的借鉴意义，但归根到底，你是无法复制别人的成功的。

尽管这种模式不再适合今天的快节奏社会，但大家应当取其精华，主动树立戒骄戒躁的踏实作风，一步一个脚印地提升自己的真本领。

无论社会发展多么快，笑到最后的也未必是最先抢跑的人。浮躁的人只练了个花架子就想闯出一条捷径，殊不知，高品质产品制约低品质产品已经成为大势所趋。缺乏含金量的产品最多只能昙花一现，想像过去那样靠投机取巧撞大运来获得成功会越来越困难，那种急于求成的浮躁做法注定会遭遇后劲不足的瓶颈。在快速迭代升级的时代，缺乏后劲者很快就会被底蕴深厚者打败，成为大浪淘沙中的失败者。

总之，当周围的人越浮躁的时候，我们越要沉得住气，脚踏实地，练好真本事，不玩花架子。每个致力于自我增值的人都将在未来的残酷竞争中赢得更多的发展机遇。贯彻"执着专注、精益求精、一丝不苟、追求卓越"的工匠精神，终会让你受益终生。

根据以上信息，认真思考以下问题：

（1）你生活中摆过"花架子"吗？最后结果如何？谈谈你的理解与体会，与大家共勉。

（2）工艺文件的识读看似简单乏味，若学习中摆"花架子"，敷衍了事，会对电子产品整机装配带来哪些危险？

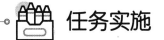

任务实施

超外差式调幅收音机装配文件的编写

1. 任务目标

编写一份超外差式调幅收音机装配文件。

2. 所需器材

（1）工具：计算机一台。

（2）器材：超外差式调幅收音机组装套件一套。

3. 完成内容

结合"信息收集"内容和下一任务需要装配的收音机，从生产工艺文件封面、生产工艺文件目录表、所需工具明细表、生产工艺说明表、导线及线扎的加工表、工艺流程、元件装配工艺过程卡等角度详细编写出"××型号收音机整机装配工艺文件"。

4. 任务评价

任务检测与评估

检测内容	分值	评分标准	学生自评	教师评估
生产工艺文件封面	10	每少填写一处扣2～5分；每填错误一处扣2～5分。扣分不得超过10分		
生产工艺文件目录表	10	每少填写一处扣2～5分；每填错误一处扣2～5分。扣分不得超过10分		
工具明细表	15	每少填写一处扣2～5分；每填错误一处扣2～10分。扣分不得超过15分		
生产工艺说明表	15	每少填写一处扣2～5分；每填错误一处扣2～5分。扣分不得超过15分		
导线及线扎的加工表	15	每少填写一处扣2～5分；每填错误一处扣2～5分。扣分不得超过15分		
工艺流程框图	15	每少填写一处扣2～5分；每填错误一处扣2～5分。扣分不得超过15分		
元件装配工艺过程卡	20	每少填写一处扣2～5分；每填错误一处扣2～5分。扣分不得超过20分		
合计	100			

〔任务三〕电子产品的整机装配

电子产品的整机装配是将各种电子元器件、机械部件、连接导线和产品外壳按照要求组装起来，实现预先设计的功能。

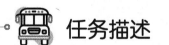 **任务描述**

基于十字螺丝刀一把，电烙铁一套，扁口钳一把，镊子一个，万用表一个，焊锡适量，收音机、SMT 时钟套件各一套，完成以下任务。

（1）整机电路图的识读。

（2）元器件的识别、测量。

（3）元器件引脚的成型、元器件的插装。

（4）整机的焊接装配。

 信息收集

一、整机装配的流程与内容

在电子产品的整机装配流程中，各种电子产品的装配顺序基本是一样的，它们都遵循着从个体到整体、从简单到复杂、从内部到外部的装配顺序。每个生产环节之间都紧密连接，环环相扣，每道工序之间都存在着继承性，所有的工作都必须严格地按照设计要求操作。只有这样，才能保证整机装配的顺利进行。

从生产制造的角度来说，整个电子产品的生产过程可以分为电子元器件的工艺准备、单元电路的加工制作、电路部件的安装调试、整机的装配、整机电路调试、整机检验包装等工序，在每一个工序中还可以细分为多个工位。

1. 电子产品整机装配的生产过程

将分立的各种元器件焊装成单元电路，将单元电路装配成整机，这个工艺过程就是电子产品的生产装配过程，如图 6-22 所示。

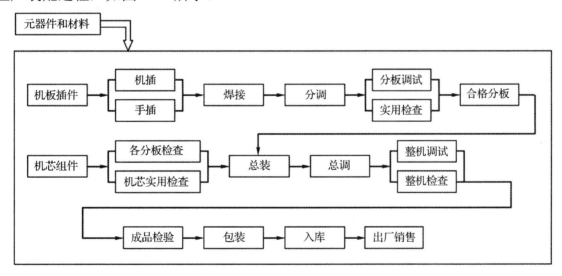

图 6-22 电子产品的生产装配过程

2. 电子产品整机装配的工作内容

电子产品整机装配的工作内容包括电子元器件的工艺准备、印制电路板的准备、电路板的焊装、整机布线、各电路板及机械部分的安装、电路板之间的连接等。

1）元器件的分类准备

根据电子产品工艺文件的规定，按照电子元器件的明细表进行分类准备，将不同类型或不同安装特点的元器件（如电阻器、电容器、电感器、二极管、三极管、集成电路、连接导线）进行分类，并根据工艺文件的要求对各种元器件进行筛选和检测。

2）元器件的工艺准备

对已经按照分类准备好的元器件进行工艺准备。例如，元器件引脚的加工、成型和浸锡，导线的裁剪、剥头和浸锡等。若生产过程采用自动插件机，则需要根据自动插件机的工艺要求对各种元器件进行工艺准备。

3）元器件的插装方法

元器件的插装有手工插装和自动插装两种方法。

（1）手工插装。手工插装多用于科研或小批量生产。手工插装有两种方法：一种是一块印制电路板所需全部元器件由一人负责插装；另一种是采用传送带的方式多人流水作业完成插装。

（2）自动插装。自动插装采用自动插装机完成插装。根据印制电路板上元器件的位置，由事先编制出的相应程序控制自动插装机插装。插装机的插件夹具有自动打弯机构，能将插入的元器件牢固地固定在印制电路板上，提高了印制电路板的焊接强度。自动插装机消除了手工插装所带来的误插、漏插等差错，保证了产品的质量，提高了生产效率。

4）工序工位卡

当采用流水线手工插装时，需要事先把一部电子整机的装联、调试工作划分成若干个简单的操作工位，每个操作工位的操作内容写在一个卡片上，叫作工序工位卡。每个操作人员要按照工序工位卡上规定的工作内容，只完成指定内容的操作。例如，有的人员只安装五个电阻器，有的人员只安装五个电容器等。

5）流水节拍

在进行流水线手工插装操作的工位划分时，要注意到每个工位操作的时间要相等。这个相等的操作时间称为流水节拍。

在生产流水线上进行手工插装时，循环运转传送带运送来印制电路板，每个工位的操作人员把印制电路板从传送带上取下，按本道工序工位卡上的规定，完成指定元器件的插装，再将印制电路板送到传送带上，进行下一个工位的操作。

3．整机装配的连接方式

整机装配有各种连接方式。

1）机械装联

机械装联是将各零部件、整件，如各机电元件、印制电路板、底座、面板及在它们上面的元器件，按照设计要求，装配在机箱的不同位置，组合成一个整体。

2）电气装联

电气装联是用导线或线扎将焊有元器件的电路板、电路板外面的各个部件（如变压器、数码显示、电源开关、保险丝盒等）进行电气连接。

实现了机械装联和电气装联后，电子产品才是一个具有一定功能的完整机器，才能进行整机调整和测试。

3）固定连接和活动连接

整机装配的连接方式还可以分为固定连接和活动连接。

固定连接是指实现电气装联或者是机械装联后，各种部件或者构件之间没有相对运动，如在机箱中的电路板、变压器等。

活动连接是指实现电气装联或者是机械装联后，各种部件或者构件之间有既定的相对运动，如在电脑中光驱的盘托机构、小型摄像机的可翻转显示屏等。

4）可拆卸连接和不可拆卸连接

整机装配的连接方式还可以分为可拆卸连接和不可拆卸连接。

可拆卸连接是指各部件在拆散后不会损坏零件或材料，如螺装、销装、插装等。

不可拆卸连接是指各部件在拆散时会损坏零件或材料，如锡焊连接、胶黏、绕接、铆接等。

5）整机装配和组合件装配

装配还可分为整机装配和组合件装配两种。

整机装配是把零件、部件、整件通过各种连接方式装配在一起，组合成为一个不可分的整体，具有独立工作的功能，如组装完成后的收音机、电视机等。

组合件装配是若干个零件的组合体，每个组合件都具有一定的功能，而且随时可以拆卸。例如，电脑中的电源装配就是一个组合件装配，它可以实现对外供电的功能，但它只是电脑这个整机中的一个部分。

4．整机装配的原则

不管是何种形式的连接，在整机装配中都需要遵守一些原则。整机装配的基本原则是：先轻后重、先铆后装、先里后外、先低后高、先小后大、易碎后装。上道工序不得影响下道工序的装配。

二、整机装配中的静电防护

1．静电造成危害的类型

1）静电吸附

在半导体器件的生产制造过程中，由于大量使用了石英及高分子物质制成的器具和材料，其绝缘度很高，在使用过程中一些不可避免的摩擦可造成其表面电荷的不断积聚，且电位越来越高。在这种情况下，由于静电的力学效应，很容易使工作场所的浮游尘埃吸附于芯片表面，而很小的尘埃吸附都有可能影响半导体器件的性能。所以，电子装配的生产必须在清洁的环境中进行，且操作人员、工具和环境必须采取一系列的防静电措施，以防止静电的形成，并降低静电危害产生的影响。

2）静电击穿

在电子产品生产过程中，由静电击穿引起的元器件损坏是电子产品生产中最普遍也是最严重的危害。静电放电可能会造成元器件的硬击穿或软击穿。硬击穿会一次性造成整个元器件的永久性失效，造成元器件内部的瘫痪，如元器件的输出与输入开路或短路；软击穿则可使元器件的局部受损，但不影响其工作，只是降低其特性或使用寿命变短，使电路时好时坏且不易被发现，从而成为故障隐患。

一般说来，硬击穿在产品未出厂前就会被检测出来，影响较小。但软击穿很难被发现，这种软击穿造成的故障会使受损元器件随时失效。电子产品多次软击穿后也会变成永久性损坏，使其无法正常运行，这既给生产带来损失，又会影响厂家声誉和产品的销售，损失难以预测。

3）静电产生热

静电放电中的电场或电流可产生热量，使元器件受损（潜在损伤），直至造成整个元器件永久性失效。

4）静电产生磁

静电放电产生的电磁场强度达几百伏/米，频谱从几十兆赫到几千兆赫，对电子产品造成干扰，甚至损坏。

2．静电敏感元器件的防静电要求

（1）湿度指标。存放静电敏感元器件的最佳相对湿度为30%～40%。

（2）防静电包装。静电敏感元器件在存放过程中要保持原包装，若需更换包装，则要使用具有防静电性能的容器。

（3）贴防静电专用标签。若静电敏感元器件存放在库房中，则在其存放位置应贴有防静电专用标签，如图6-23所示。

（4）生产区域要铺设防静电地板，工作台（含操作台）要铺设防静电橡胶垫，并有效接"地"。

（5）直接接触电子元器件的人员必须佩戴合格防静电腕带。

3．电子整机装配的静电防护措施

在电子产品生产组装过程中，静电的产生是不能避免的，但可以通过静电防护措施来降低静电的危害。静电防护的核心是静电消除，对可能产生静电的地方要防止静电积聚，要采取一定的防护措施，使静电产生的同时将其泄漏以消除静电的积聚。

1）静电消除

对已经存在的静电积聚要迅速消除掉，及时释放。当绝缘物体带电时，电荷不能流动，无法进行泄漏，可利用静电消除器产生异性离子来中和静电荷。当带电的物体是导体时，可采用简单的接地泄漏办法，使其所带电荷完全消除。要构成一个完整的静电安全工作区，至少应包括有效的静电台垫、专用地线和防静电腕带等。防静电腕带如图6-24所示。

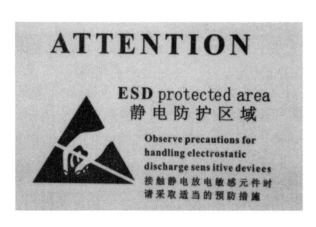

图6-23　防静电专用标签

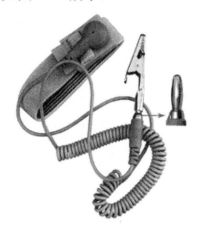

图6-24　防静电腕带

2）减少摩擦起电

在传动装置中，应减少皮带与其他传动件的打滑现象。例如，皮带要松紧适当，保持一定的拉力，并避免过载运行等，选用的皮带应尽可能采用导电胶带或传动效率较高的导电三角胶带。

3）提高环境湿度

提高环境湿度可提高非导体材料的表面电导率，使物体表面不易积聚静电。这种提高环境湿度的方法在防止静电产生的同时，还可以为生产节约不少的成本。在干燥环境下采取加湿、通风的措施，可以有效地防止静电的产生。

4. 常用的静电防护器材

在电子产品的生产过程中，静电防护器材及静电测量仪器是静电防护工程中必不可少的，这直接关系到静电防护的质量。

1）人体静电防护系统

人体静电防护系统主要由防静电手腕带/脚腕带、工作服、鞋、帽、手套或指套等组成。人体静电防护系统具有静电泄漏和屏蔽功能，可以有效地将人身上因摩擦产生的静电进行释放。例如，将防静电腕带戴在手腕上，把接插件插在工作台上，就可以有效地消除人体上的静电。

2）防静电地面

防静电地面可以有效地将工作车间中的工作人员、泄放静电设备等携带的静电通过地面泄放到大地，它包括防静电水磨石地面、防静电橡胶地面、PVC 防静电塑料地板、防静电地毯、防静电活动地板等。

3）防静电操作系统

防静电操作系统指的是在电子产品生产工艺流程中经常与元器件接触摩擦的防护设备，这些设备包括工作台垫、防静电包装袋、防静电料盒、防静电周转箱、防静电物流小车、防静电烙铁及工具等。

5. 整机装配过程中的安全操作

各种电子产品的电路都有各自的特点，在安装、检测过程中要特别遵守安全操作规程。

（1）单手操作。要习惯进行单手操作，即用一只手操作，另一只手不要接触机器中的金属零部件，包括底板、线路板、元器件等。

（2）绝缘隔离。工作人员的脚下要垫块绝缘垫。

（3）带电操作采用隔离变压器。在必须进行带电操作时，最好采用 1:1 隔离变压器，以使设备、电路与交流市电完全隔离，确保人身安全。

（4）断电操作。在更换电路中的元器件之前，一定要先切断交流供电和直流电源。

（5）放电后再操作。在拔除大容量的电容器时，要先用螺丝刀对其进行放电，以免残留高压产生电击。

阅读与思考

细微之处彰显伟大力量

中建一局集团建设发展有限公司总工程师周予启是个把产品质量视为生命的人。他曾经做出了一件"疯狂"的事：为了避免安全事故而把地铁站厅的地砖砸开，重新施工。

当时中建一局与深圳地铁集团进行合作。周予启发现地铁线路的施工存在缺陷。由于地铁的行驶速度很快，对两条轨道的允许变形差只有四毫米，如果超出这个范围，就会发生安全事故。而深圳地铁某站的轨道未能达标，存在很大的隐患。为了对地下建筑物进行加强，中建一局需要进地铁站里面进行施工，于是周予启把方案报给了地铁公司。但地铁公司的相关专家担心这会影响乘客出行，不准施工人员进入大厅，只能在外面进行维护。这个方案难度更高，故而中建一局不得不把地铁大厅出入口位置的地砖全部破除掉，以便实施后一道加固工序，但这还是会对乘客出行造成一定影响。

深圳地铁集团对站厅地砖被砸一事感到非常恼火。当时有领导质疑道："谁让你们把站厅的地砖砸了？地铁无法运营你们负得了责吗？"周予启总工程师寸步不让地说："接下来我还要把出站口的地砖全部砸了，你们如果想罚款的话就等我全部砸完再一起罚。"

在他的坚持下，地铁集团同意了中建一局的加固方案。地铁的隐患被成功排除了，乘客也能更放心地乘坐地铁了。

这种对乘客安全负责的职业操守，也是工匠精神的一种体现。正是凭借这种精神，中建一局到现在已经荣获近百项"鲁班奖"，在 2015 年荣获了中国政府质量领域最高奖——中国质量奖。其首创 5.5 精品工程生产线，主持编制了中国第一部绿色施工企业标准，成为中国最早荣获 LEED 认证（国际绿色认证）且荣获次数最多的企业，创造了中国工程界无数个第一。

工匠精神有着穿越时空的伟大力量，但它体现在一个个微不足道的细节当中。轻忽细节是人类常见的毛病，特别是那些看起来没什么影响的细节，很难得到大家的重视，然而其中很可能隐藏着我们可能出现的错误。

学习工匠精神，最需要的不是感叹"大国工匠"超乎常人的品格，而是先学会他们认真对待一切问题的态度。

根据以上信息，认真思考以下问题：

（1）结合此故事，从"坚持原则不让步，以强烈的责任心对待细节问题"的角度，谈谈你对工匠精神的理解。

（2）电子产品的整机装配过程中应该注意哪些细节？以收音机的装配为例进行说明。

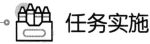

任务实施

收音机、单片机数字钟的装配

1．任务目标

（1）掌握元器件的识别、检测、插装工艺。

（2）掌握收音机、单片机数字钟的装配程序及装配工艺。

2．所需器材

（1）工具：十字螺丝刀、扁口钳、镊子、指针式或数字式万用表各一个；电烙铁一套；焊锡和松香适量。

（2）器材：收音机和单片机数字钟套件各一套。

3．完成内容

（1）原理图和装配图的准备。收音机的电路原理图和装配图分别参考图 6-3、图 6-9。单片机数字钟的电路原理图和装配图如图 6-25 和图 6-26 所示。

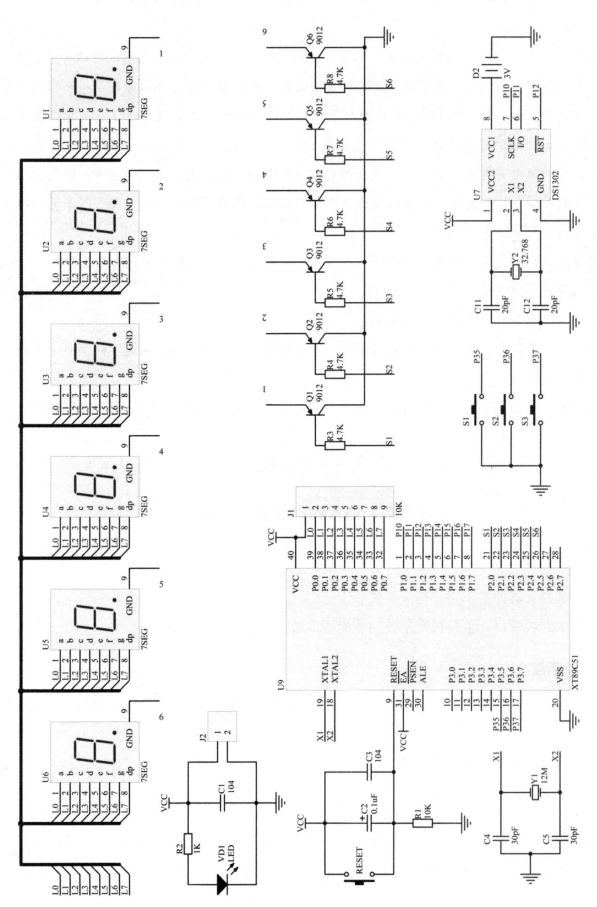

图 6-25 单片机数字钟的电路原理图

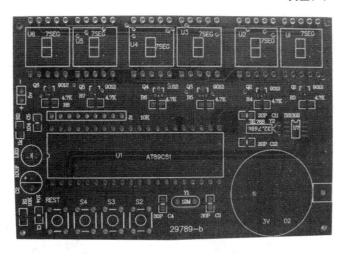

图 6-26　单片机数字钟的装配图

（2）按照元器件清单清点元器件数量及型号。收音机的元器件清单如表 6-9～表 6-12 所示，单片机数字钟的元器件清单如表 6-13 所示。

表 6-9　收音机的电阻器

序　号	图　例	序　号	图　例	序　号	图　例
R1	3kΩ±1%	R7	5.1kΩ±1%	R16	82Ω±1%
R2、R11	1.8kΩ±1%	R8	430Ω±1%	R17	1.5kΩ±1%
R3	510Ω±1%	R9	910Ω±1%	RP	4.7kΩ
R4	6.8kΩ±1%	R10	30kΩ±1%		
R5、R12、R13	100Ω±1%	R14	150Ω±1%	Y	
R6	1kΩ±1%	R15	100kΩ±1%		

表 6-10　收音机的电容器

序　号	图　例	序　号	图　例	序　号	图　例	序　号	图　例
C1		C6		C11		C16	
C2		C7	200	C12	FEIFEI	C17	

191

续表

序　号	图　例	序　号	图　例	序　号	图　例	序　号	图　例
C3		C8		C13		C18	
C4		C9		C14		C19	
C5		C10		C15			

表 6-11　收音机的感性元器件

序　号	符　号	图　例	名　称	应 用 场 合
T1	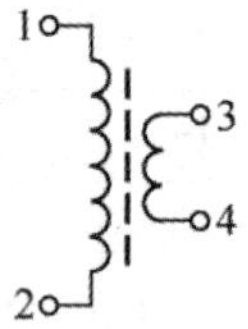		空芯高频变压器	天线线圈
T2	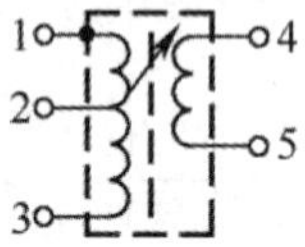		振荡线圈（黑磁芯）	本机振荡
T3	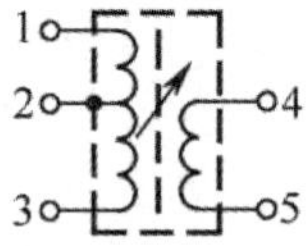		中频变压器（中周、白磁芯）	中放Ⅰ
T4	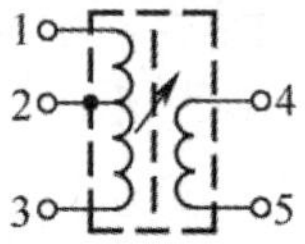		中频变压器（中周、红磁芯）	中放Ⅱ
T5	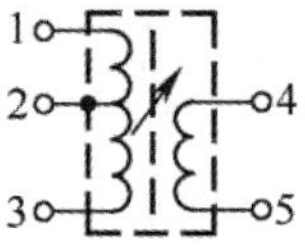		中频变压器（中周、绿磁芯）	中放Ⅲ
T6	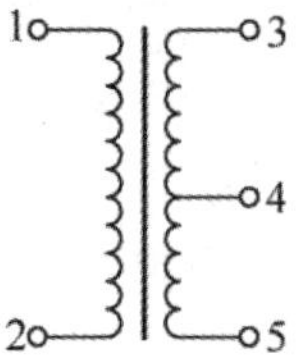		音频变压器（输入变压器）	低频功率放大
T7	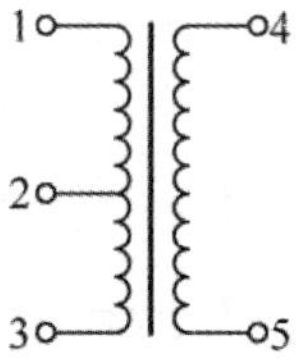		音频变压器（输出变压器）	低频功率放大

表6-12　收音机的晶体管元器件

序　号	参　数	图　例	序　号	参　数	图　例
VT1	3DG201A		VT6	3AX31A	
VT2	3DG201A		VT7	3AX31A	
VT3	3DG201A		VD1、VD2	2CP	
VT4	3DG201A		VD3、VD4	2AP9	
VT5	3DG201A				

6-13　单片机数字钟的元器件清单

序　号	参　数	图　例	序　号	参　数	图　例
Y1	12M		C1、C5	104	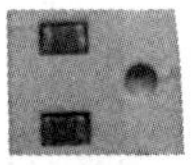
Y2	32.768k		C2	10μ	
U9	XT89C51		C3、C4	30p	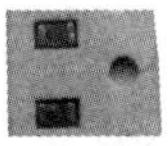
U1～U6	数码管		C11、C12	20p	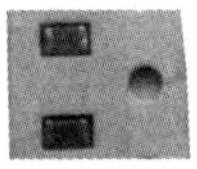
U7	DS1302		R1	10k	
REST、S2～S4	6×6		R2	1k	
J1	10k		R3～R8	4.7k	
VD1	LED		VT1～VT6	9012	

（3）对元器件进行测量。按照"项目二　常用电子元器件的识读与检测"的知识检测元器件的质量好坏。坏的元器件重新更换。

（4）对照原理图、装配图进行元器件的插装和焊接。注意：元器件的插装和焊接要严格按照"项目五　电子元器件的插装与焊接"的工艺进行。

（5）导线的加工和焊接。按照项目三"任务一　导线的加工与应用"的工艺进行。

（6）收音机、单片机数字钟整机装配。

① 收音机的整机装配过程如表6-14所示。

② 单片机数字钟电路的组装过程：检查印制电路板是否有损坏或断路现象；组装SMT电阻元件、SMT电容元件、集成电路；组装通孔元器件。

组装完成后要对印制电路板进行检查，注意元器件或其引脚是否漏焊、虚焊、连焊，焊点是否满足工艺要求等。单片机数字钟组装好的成品板如图6-27所示。

表 6-14 收音机的整机装配过程

步　骤	装 配 内 容	完 成 图 示
1	（1）安装电位器拨轮并用螺钉固定 （2）安装调谐拨轮并用螺钉固定 （3）安装调谐器旋钮、拉线支撑轮并用螺钉固定 （4）装上拉线和指针	
2	（1）安装指针固定盘并用螺钉固定 （2）根据调谐器的位置初步确定指针位置	
3	（1）将焊接好的印制电路板装入机壳，根据刻度盘重新确定指针位置 （2）调节音量电位器和调谐器拨轮，试转动，看是否顺畅。若转动顺畅，则用螺钉固定印制电路板。若转动不顺畅，则需重新调整 （3）安装并固定扬声器，安装电源极片	
4	（1）安装电池 （2）盖上后盖并将螺钉拧紧	

图 6-27　单片机数字钟组装好的成品板

4．任务评价

任务检测与评估

检 测 内 容	分　　值	评 分 标 准	学 生 自 评	教 师 评 估
元器件的识别	15	一个元器件识别错误扣 2 分；两个元器件识别错误扣 5 分。扣分不得超过 15 分		
元器件的测量	15	一个元器件测量错误扣 2 分；两个元器件测量错误扣 5 分；三个元器件测量错误扣 10 分。扣分不得超过 15 分		
元器件的插装工艺	15	一个元器件插装工艺不合格扣 2 分；一个极性插装错误扣 5 分。扣分不得超过 15 分		
焊接工艺	15	一个焊点不合格扣 1 分；一个短路焊点扣 5 分。扣分不得超过 15 分		
导线的加工	10	浸锡不光滑，每个线头扣 1 分；电烙铁烫伤绝缘层扣 2 分。扣分不得超过 10 分		
部件的安装	10	不符合工艺要求，每处扣 2 分。扣分不得超过 10 分		
安全操作	10	不按照规定操作，损坏仪器，扣 4~10 分。扣分不得超过 10 分		
现场管理	10	结束后没有整理现场，扣 4~10 分。扣分不得超过 10 分		
合计	100			

电子产品的调试与检验

电子产品的装配只是把电子元器件按照电路的要求连接起来，由于每个元器件特性的参数差异，其综合结果会使电路性能出现较大的偏差，使整机电路的各项技术指标不一定达到设计要求。因此，电子产品装配完成之后，必须通过调整与测试才能达到规定的技术要求。

电子产品的检验是指用工具、仪器或其他分析方法检查各种原材料、半成品、成品是否符合特定的技术标准、规格的工作过程。

任务一 认知电子产品的调试

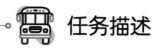 任务描述

在电子行业有句话，叫"三分装、七分调"，这个"调"就是对电子产品的调整和测试，通常统称为调试，可见电子产品调试工作的重要性。

本任务是基于上一个项目中收音机、单片机数字钟的整机装配后，对照本项目的知识学习，完成收音机、单片机数字钟的调试，以达到各自的技术指标要求。

 信息收集

一、电子产品调试的基础

1. 电子产品的调试仪器

电子产品的调试仪器分为通用调试仪器和专用调试仪器。通用调试仪器是针对电子电路的一项电参数或多项电参数的测试而设计的，可检测多种产品的电参数，如信号发生器、万用表、示波器、直流稳压电源等。而专用调试仪器是为某一个电子产品进行调试而专门设计的，其功能单一，专门用于检测单一电子产品的一项或几项参数，如电冰箱测漏仪就是一个专用调试仪器。

2. 电子产品的调试内容

电子产品的调试包括调整和测试两部分内容。

1）电子产品的调整

调整主要是对电路参数进行调整，一般是对电路中的可调元器件，如可调电阻器、可调电容器、可调电感等及可调整的机械部分进行调整，使电路达到预定的功能和性能。

2）电子产品的测试

测试主要是对电路的各项技术指标和功能进行测量和试验，并和电路的设计指标进行比较，以确定电路是否合格、是否需要调整和改进。

3）调整与测试的关系

调整与测试是相互依赖、相互补充的，在实际工作中，两者是一项工作的两个方面，测试、调整、再测试、再调整，这个工作是循环反复进行的，直到达到电路的设计指标为止。

4）调试与装配的关系

调试是对装配技术的总检查。产品装配的质量越高，调试的直通率就越高，各种装配缺陷和错误都会在调试中暴露出来。调试又是对设计工作的检验，凡是在设计时考虑不周或存在工艺缺陷的地方，都可以通过调试来发现，并为改进和完善产品质量提供依据。

5）调试工作的地点

调试工作一般在装配车间进行，需要严格按照调试工艺文件进行调试。比较复杂的大型电子产品，根据设计要求，可在生产厂进行部分调试工作或粗调，然后在安装场地按照技术文件的要求进行最后安装和全面调试工作。

3. 电子产品的调试程序

在开始调试电子产品之前，调试人员应仔细阅读该电子产品的调试说明及调试工艺文件，熟悉该电子产品的工作原理，熟悉要调试内容的技术条件及有关要求，熟悉并能正确使用调试仪器。

由于电子产品的种类繁多，电路复杂，各种单元电路的种类及数量也不同，所以调试程序也不尽相同。对一般的电子产品来说，可以按照下列程序进行调试。

1）通电检查

先置电源开关于"关"的位置，检查电源开关是在交流220V还是其他位置、保险丝是否装入。检查完毕确认无误后，插上电源插头，打开电源开关通电。

接通电源后，电路的电源指示灯应点亮，此时要注意电路有无放电、打火、冒烟现象，有无异常气味产生，用手摸电源变压器判断有无过热。若有这些现象，则立即停电再行检查。

2）电源调试

电子产品中大都装备有本机直流稳压电源电路，调试工作首先要进行电源部分的调试，才能顺利进行其他项目的调试。电源调试通常分为两个步骤。

（1）电源空载调试。电源电路的调试通常先在空载状态下进行，目的是避免因电源电路未经调试而加载，引起部分电子元器件的损坏。

调试时，先接通电源电路，然后测量有无稳定的直流电压输出，其值是否符合设计要求或调节取样电位器使之达到预定的设计值。测量电源各级的直流工作点和电压波形，检查工作状态是否正常，有无自激振荡等。

（2）电源加载调试。在电源空载调试正常的基础上，关掉电源，给电源加上额定负载，再打开电源开关，测量电源的各项性能指标，检测测量数值是否符合设计要求。此时可以调整有关可调元器件，使电路达到设计要求，然后将调试元器件的位置锁定，使电源电路具有加载时所需的最佳功能状态。

有时为了确保负载电路的安全，在电源加载调试之前，可以先加上一个等效负载，再对电源电路进行调试，以防匆忙接入负载电路，负载减小可能会受到的过度冲击。

3）分级分板调试

电子产品的电源电路调好后，可进行电子产品其他电路的调试。通常按照单元电路的顺序，根据调试的需要及方便，由前到后或从后到前依次接入各个部件或印制电路板，分别进行调试。

首先要测试和调整电路的静态工作点，然后进行动态各参数的调整，直到各部分电路均符合技术文件规定的技术指标为止。

在调整高频电路时，为了防止工业干扰和强电磁场的干扰，调整工作应该在屏蔽室内进行。

4）整机调整

各部分电路调整好之后，把电子产品所有的部件及印制电路板全部接上，进行整机调试。先检查各部分电路连接以后对整机电路有无影响，再检查机械结构对电路电气性能的影响等。整机电路调整好之后，确定并紧固各调整元器件，对电子产品进行全部参数测试，各项参数的测试结果均应符合技术文件规定的技术指标。最后要测试电子产品整机的总电流和实际功率。

5）环境试验

大多数电子产品在调试完成之后，还需进行环境试验，以考验在相应环境下正常工作的能力。环境试验有温度、湿度、气压、振动、冲击和其他环境试验，应严格按照技术文件的规定执行。

6）老化试验

电子产品在测试完成之后，均需进行整机通电老化试验，目的是提高电子产品工作的可靠性。老化试验应按电子产品技术文件的规定进行。

7）参数复调

电子产品整机经过老化试验后，整机的各项技术性能指标会有一定程度的变化，通常还需进行参数复调，使交付使用的电子产品具有最佳的性能。

电子产品的调试工作对操作者的技术和综合素质要求较高，特别是样机的调试工作是技术含量很高的工作，没有扎实的电子技术基础和一定的实践经验是难以胜任的。

二、电子产品的调试类型

电子产品的调试有两种类型：一种是样机产品调试；另一种是批量产品调试。

1. 电子产品的样机调试

1) 样机产品的调试过程

电子产品的样机调试，不单纯指电子产品在试制过程中制作的样机，而是泛指各种试验电路。样机产品的调试过程如图 7-1 所示，其中故障检测占了很大比例。

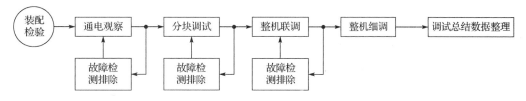

图 7-1 样机产品的调试过程

样机产品的调整和测试工作都是由同一个技术人员完成的，这项工作不是一道生产工序，而是产品设计的过程之一，是电子产品定型和完善的必经之路。

2) 电子产品样机的调试准备

对于电子产品的样机来说，除了设计工作之外，调试工作就是最重要的环节。

（1）样机调试工作的技术准备。调试样机前一定要准备好样机的电路原理图、印制电路图、零件装配图、主要元器件接线图和产品的主要技术参数。如果不是自己设计的样机，还要先熟悉样机的工作原理、主要技术指标和功能要求，在装配图上要标记出测试点和调整点，并尽可能给出测试参数的范围和波形图等技术资料。

（2）样机调试工作的条件准备。要根据样机的大小准备好调试场地和电源，准备好必需的测试仪器，对测试仪器电路要先进行检查，以保证其完好和测量精度。在调试有高压危险的电路时，应在调试场地铺设绝缘胶垫，在调试现场要挂出警示标记。

（3）样机调试工作的元器件准备。在样机调试工作中，要事先准备好需要调整的元器件，以方便届时取用。

3) 样机调试工作的顺序

（1）电源第一。对本身带电源的样机，一定要先调好电源。

（2）先静后动。先进行静态调试，再进行动态调试。对模拟电路而言，先不加输入信号并将输入端接地，即可进行直流测试，包括测量各部分电路的直流工作点、静态电流等参数。若测量时发现参数不符合技术要求，则要进行调整，使之符合设计要求。

动态调试是指给电路加上输入信号，然后进行测量和调整电路。典型的模拟电子产品（如收音机等产品）的调试过程都是按此顺序进行的。

对数字电路来说，静态调试是指先不给电路送入数据而测量各逻辑电路的有关直流参数，然后输入数据对逻辑电路的输出状态进行测量和功能调整。

（3）先分后合。对多级信号处理电路或多种功能组合电路要采用先分级或分块调试，最后进行整个系统调试。这种调试方法一方面使调试工作条理清楚，另一方面可以避免一部分电路失常影响或损坏其他电路。

（4）使用稳压/稳流电源进行调试。样机电路在第一次通电时一定要采用外接的稳压/稳流电源，这样可避免意外损失。等样机电路正常工作后，再接入已调好的样机本机电源。

2. 电子产品的批量调试

电子产品的批量调试是大规模生产过程中的一道工序，是保证产品质量的重要环节。

1）电子产品批量调试的过程

电子产品批量调试的过程如图 7-2 所示。

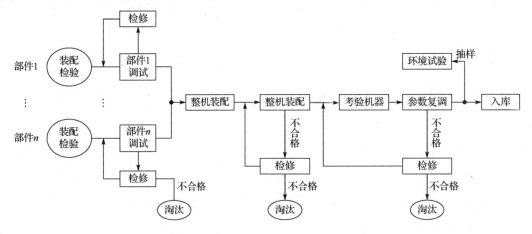

图 7-2　电子产品批量调试的过程

2）电子产品批量调试的特点

电子产品的批量调试在很大程度上是个操作问题，在调试过程中有如下特点。

（1）在正常情况下基本没有大的调整，不涉及产品工艺是否正确这样的问题。

（2）仅仅是解决元器件特性参数的微小差别，或是在可调元器件的调整范围内对元器件的参数加以调整，一般不会出现更换元器件的问题。

（3）电子产品在批量生产时往往采用流水作业，所以在产品的调试中如果发现有装配性故障，则该故障基本上带有普遍性。

（4）装配车间的每个工序、调试要求和操作步骤可以完全按照工艺文件进行，因此产品调试的关键是制定合理的工艺文件。

三、电子产品的测试方法和调试内容

1. 检查电子电路故障的方法

检查电子电路故障的方法有很多，以下四种方法是最基本的检查方法。

（1）观察法。凭人感官的感觉对故障原因进行判断。

① 电路不通电时的观察。在电路不通电的情况下，对电子产品面板上的开关、旋钮、刻

度盘、插口、接线柱、探测器、指示电表和显示装置、电源插线、熔丝管插塞等都可以用观察法来判断有无故障。

对电路板上的元器件、插座、电路连线、电源变压器、排气风扇等也可以用观察法来判断有无故障。观察元器件有无烧焦、变色、漏液、发霉、击穿、松脱、开焊、短路等现象，一经发现，应立即予以排除，通常就能修复电路。

② 电路通电时的观察。如果在不通电的观察中未能发现问题，就应采用通电观察法进行检查。通电观察法特别适用于检查元器件跳火、冒烟、有异味、烧熔丝等故障。为了防止故障的扩大，以及便于反复观察，通常要采用逐步加压法来进行通电观察。

采用逐步加压法时，可使用调压器来供电，其测试电路的接线图如图7-3所示。

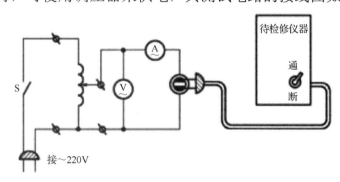

图 7-3　用逐步加压法测试电路的接线图

在逐步加压的过程中，如果发现电路有元器件发红、跳火、冒烟，整流二极管很烫或电解电容器有发烫、吱吱声，电源变压器或电阻器出现发烫、发黑、冒烟、跳火等现象时，应立即切断电源，并将调压器的输出电压退回到0V，如一时看不清楚损坏的元器件，可以再开机进行逐步加压的通电观察。

如果在加电压不大的情况下（十几伏或几十伏），交流电流指示值已有明显增大，这表明电路内部有短路故障存在，此时应将调压器的输出电压调回到0V，然后将被测量的电路逐步分割，再开机进行逐步加压测试。当电流指示恢复正常时，说明被分割的那部分电路有短路故障。

（2）测量电阻法。在电路不通电的情况下，使用万用表的电阻挡对电路进行检查，是确定故障范围和确定元器件是否损坏的重要方法。

对电路中的晶体管、场效应管、电解电容器、插件、开关、电阻器、印制电路板的铜箔、连线都可以用测量电阻法进行判断。在测试时，先采用测量电阻法，对有疑问的电路元器件进行电阻检测，可以直接发现损坏和变质的元器件，对元器件和导线的虚焊等故障也是一个有效的方法。

采用测量电阻法时，应将被测点用小刀或砂纸刮干净后再进行检测，以防止因接触电阻过大造成错误判断。

采用测量电阻法时，要注意以下几点。

① 断电测量。不能在仪器电路开通电源的情况下检测电阻。

② 放电测量。检测电容器时应先对电容器进行放电，然后脱开电容器的一端再进行检测。

③ 断线测量。在电路板上测量电阻器等元器件时，如该元器件和其他电路元器件有连接，应脱开被测元器件的一端，再进行电阻测量。

④ 分清极性。对于电解电容器和晶体管等元器件的检测，应注意测试表笔（棒）的极性，不能搞错。

⑤ 挡位合适。万用表电阻挡的挡位选用要适当，否则不但检测结果会不正确，甚至会损坏被测元器件。

（3）测量电压法。测量电压法是通过测量被测试仪器电路的各部分电压，与电路正常运行时的标准电压值进行对照，然后判断分析故障原因的一种方法。

对于电路中电流的测量，通常采用测量被测电流所流过电阻器两端的电压，然后借助欧姆定律进行间接推算。

（4）替代法。替代法又称为代换法，是对可疑的元器件、部件、插板、插件乃至半台机器，采用同类型的部件进行替换，以此来判断有故障的部位或元器件。替代法对于缩小检测范围和确定元器件的好坏很有效果，特别是对于结构复杂的电子仪器电路进行检查时最为有效。

进行元器件替代后，若故障现象仍然存在，说明被替代的元器件或单元部件没有问题，这也是确定某个元器件或某个部件是否损坏的一种方法。

在进行替代元器件更换的过程中，要切断电路的电源，严禁带电进行操作。

2．电子产品的调试内容

1）电路静态工作点的调试

（1）晶体管静态工作点的调整。调整晶体管的静态工作点就是调整它的偏置电阻（通常调上偏电阻），使它的集电极电流达到电路设计要求的数值。调整一般从最后一级开始，逐级往前进行。调试时要注意静态工作点的调整应在无信号输入时进行，特别是对电路的变频级，为避免产生误差，可采取临时短路振荡的措施。例如，将收音机双连可变电容器中的振荡链短路，或将双连可变电容器调到无台的位置。

各级电路分别调整完毕后，要接通所有各级电路的集电极电流检测点，再用电流表检查整机静态电流。

（2）模拟集成电路静态的测试。由于模拟集成电路本身的结构特点，其静态工作点与晶体管不同，集成电路能否正常工作，一般看其各引脚对地电压是否正确。因此，只要测量集成电路各引脚对地的电压值与正常数值进行比较，就可判断其静态工作点是否正常。

有时还需对整个集成块的功耗进行测试，测试的方法是将电流表接入集成电路的供电电路中，测出电流值，然后计算出其耗散功率。若该集成电路采用正、负双电源供电，则应对正、负电源电流分别进行测量，再得出总的耗散功率。

（3）数字集成电路的测试。对于数字集成电路，除了需要测量集成电路各引脚对地的电压值和耗散功率，往往还要测量其输出逻辑电平的大小。例如，对各种门电路的测量就应如此，图 7-4 所示为测量 TTL 与非门输出高电平和低电平的接线图，图中的 R_L 为规定的假负载。

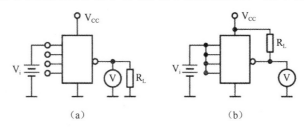

（a）   （b）

图 7-4　测量 TTL 与非门输出高电平和低电平的接线图

对于不符合测量结果的集成电路，一般均需更换。

（4）集成运放的调整。模拟集成电路种类繁多，调整方法不一，以使用最广泛的集成运放为例，除需要测量各个引脚的直流电压，往往还需要进行零电位的调整。集成运放电路的静态调整接线图如图 7-5 所示，RP 为外接调零电路的电位器，R_2 一般取 R_1 与 R_f 的并联值，若改变了输入电阻 R_1 和平衡电阻 R_2 的大小，则需要重新对电位器 RP 进行调整，以保证在没有输入的情况下输出是零电位。

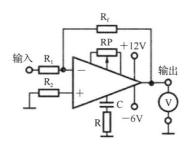

图 7-5　集成运放电路的静态调整接线图

2）电路动态特性的调试

（1）波形的观察与测试。波形的观察与测试是电子产品调试工作的一项重要内容。大多数电子产品整机电路中都有波形的产生、变换和传输的电路。通过对波形的观测来判断电路工作是否正常已成为测试与维修中的主要方法。观察波形使用的仪器是示波器，通常观测的波形是电压波形。有时为了观察电流波形，可采用电阻变换成电压或使用电流探头。

利用示波器进行调试的基本方法是通过观测各级电路的输入端和输出端，或者某些特殊点的信号波形来确定各级电路的工作是否正常。若电路对信号变换处理不符合设计要求，则说明电路的某些参数不对或电路出现某些故障。应根据具体情况，逐级或逐点进行调整，使其符合预定的设计要求。

这里需要注意的是，各级电路在调整过程中有相互影响。例如，在调整功率放大器的静态电流时，其中点电位可能发生变化，这就需要反复调整，以达到最佳状态。

示波器不仅可以观察各种波形，而且可以测试波形的各项参数，如幅度，周期，频率，相位，脉冲信号的前、后沿时间，脉冲宽度和调幅信号的调制度等。

（2）频率特性的测量。在分析电路的工作特性时，经常需要了解网络在某一频率范围内其输出与输入之间的关系。当输入电压幅度恒定时，网络的输出电压随频率而变化的特性称之为网络幅频特性。频率特性的测量是整机测试中的一项主要内容，如收音机中频放大器频率特性的测试结果能反映收音机选择性的好坏。

（3）瞬态过程的观测。在分析和调整电路时，为了观测脉冲信号通过电路后的畸变，会感到测量其频率特性的方法有些烦琐。若采用观测电路的过渡特性（瞬态过程），则比较直观，而且能直接观察到输出信号的形状，适合对电路进行动态调整。

瞬态过程的观测接线图如图 7-6 所示。一般在电路的输入端输入一个前沿很陡的阶跃波或矩形脉冲，而在输出端用脉冲示波器观测输出波形的变化。根据输出波形的变化，就可判断产生变化的原因，明确电路的调整方法。

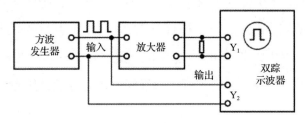

图 7-6　瞬态过程的观测接线图

阅读与思考

微创新

由于基层员工薛华的新点子，南通汇鸿手套有限公司奖励了薛华 10 万元。薛华在日常工作中发现蒸汽管道的设计存在某些不足，于是向公司提出了一个改进意见。薛华没想到，公司不仅发给他 10 万元奖金，还设立了"蒸汽回气管道改造、疏水阀换型"项目，围绕他组建了专门的技改班组。

一个小小的改进就值 10 万元吗？公司认为非常值。因为技改班组通过"金点子"能帮助公司每年节约 500 多万元的成本，微创新里有大效益。

奖励一线员工的"金点子"是汇鸿公司近年来推行精细化管理的重要措施。汇鸿公司过去的产品质量不尽如人意，与国际一流的手套产品存在一定的差距。尽管国产手套的各种性能并不逊色于国外同类产品，但国际品牌手套不管怎样折叠都能保持较为平整的形状，而且无论从哪个角度测量，折角的尺寸大致相同。汇鸿的手套折叠后看起来皱巴巴的，大拇指套在折叠时会鼓出一道折痕。

一个小细节上的不足，把企业的整体水平拉低几个档次。

为了改善产品的生产细节，公司想了很多办法，发动基层员工，以此来获得改进生产流程细节的小点子，薛华的蒸汽管道改进办法就是其中之一。

为了更好地激发基层员工的创新思维，公司鼓励大家结合工作实践多提"金点子"，根据这些改进所增加的效益大小给予员工不同的奖金。事实证明，这个重视点滴细节改进的办法非常有效。公司从 2013 年开始再没因为产品质量问题支付赔偿费，成本率从 87% 降低到 81%，生产出的手套在细节上终于能与国际顶尖产品相媲美。

创新有大有小，并不是颠覆传统格局的革命性创新才有意义，每一个细微的变革都是推动时代发展的助力。

近几年来，"微创新"的概念风行一时，在我们的日常生活中随处可见。比如成本不高但为我们的生活带来更多便利的 App 应用就是一种微创新。随着社会的不断发展，新生事物层出不穷，过去大家尚未发现的潜在需求日益增长，这就是引发微创新活动的土壤。通过认真研究生活中的细小需求，专注开发新的解决办法，这与工匠精神不谋而合。

根据以上信息，认真思考以下问题：

（1）从"微创新"的价值角度，谈谈你对"创新有大有小，并不是颠覆传统格局的革命性创新才有意义，每一个细微的变革都是推动时代发展的助力"这句话的理解。

（2）通过本任务的学习，你对收音机的调试有微创新吗？举例说明。

（3）提高创新能力，需要从哪些方面努力？

 任务实施

收音机、单片机数字钟的调试

1. 任务目标

掌握收音机、单片机数字钟的调试方法和技能。

2. 所需器材

（1）工具：无感螺丝刀、万用表、毫伏表、电流表、函数信号发生器和示波器各一个（台）。

（2）器材：上一个项目装配好的收音机和单片机数字钟各一台。

3. 完成内容

1）收音机的检测和调试

（1）直观检测收音机的元器件状态。

在组装收音机的过程中，由于安装、焊接等原因，可能会出现元器件的碰脚、连焊和虚焊等现象，还有可能将电路板上的覆铜焊掉，所以调试人员需要利用眼观、手晃等办法找到故障点并排除，为下一步调试做准备。

（2）测量电源输入端的对地电阻（在路电阻）。

将万用表拨至 R×100 挡，测量前先对万用表进行调零，再将红表笔接电源的负极或与之相联的焊盘，即整机的地线，然后将黑表笔接于电源开关的后端，测量整机电源输入端的正向电阻。再将两表笔对调，测其反向电阻。正向电阻在 1.6kΩ 左右，反向电阻在 150Ω 左右。

若电源输入端的对地电阻太小，只有几欧姆或十几欧姆，则说明收音机有严重短路的现象；

若电源输入端的对地电阻太大，达到几十千欧或上百千欧，则说明收音机电源的输入部分开路，如电路板覆铜裂开等。

（3）整机加电测试。

电源输入端的对地电阻检查不正常后，可以利用电池或直流电源给收音机提供合适的直流电压。此收音机需要 3V 的电压，因此可以用两节 1 号电池，也可以用直流电源输出 3V 电压直接加到电池夹处。

（4）调试各单元电路的工作电流。

参考表 7-1 所示的收音机各级工作电流调整相应的元器件。

表 7-1　收音机各级工作电流的参考值

单 元 电 路	元器件标号	参考电流（mA）	调整电流（mA）	调整元器件	参考阻值（kΩ）
变频电路	VT_1	0.4～0.6	0.46	R_2	1.3
一中放电路	VT_2	0.3～0.5	0.4	R_4	4.7
二中放电路	VT_3	1.2～2.2	1.4		
前置放大电路	VT_4、VT_5	2～4	2.3	R_{10}	75
功率放大电路	VT_6、VT_7	2～6	4.6	R_{17}	1.6

（5）检测整机电路的工作电流。

方法 1：在整机的电源处串入电流表，测量整机的工作电流。

方法 2：将整机的电源开关断开，将万用表的功能开关拨至 DC 50mA 挡，再将红表笔接于电源开关的正极侧，黑表笔接于电源开关的负极侧，万用表的示数为整机工作电流，其正常值为 8mA 左右。

若整机工作电流大于或等于 20mA，则说明整机存在问题；若整机工作电流太大，达到100mA 以上，则说明整机有明显的短路现象（如电源端对地有连焊现象、元器件对地击穿）；若整机工作电流较小，只有 3～4mA，则说明各单元电路有开焊的现象；若没有整机工作电流，则说明整机电源部分开路。

（6）调试收音机各级单元电路的工作电压。

收音机放大器各三极管引脚的静态参考电压如表 7-2 所示。

表 7-2　收音机放大器各三极管引脚的静态参考电压

	U_E（V）	U_B（V）	U_C（V）
VT_1	0.65	1.2	2.3
VT_2	0.05	0.7	2.3
VT_3	0.56	1.3	2.3
VT_4	0.05	0.7	1.2
VT_5	0.45	1.2	2.4
VT_6	3	2.4	0
VT_7	3	2.4	0

① 变频管 VT_1 各引脚静态电压的测量方法。

连接好直流电源和收音机电路，打开电源开关，将万用表的功能开关拨至 DC 2.5V 挡，再将黑表笔接电池负极（也就是弹簧，即整机的"地"），红表笔分别接变频管 VT_1 的基极 B、集电极 C 和发射极 E，分别测量出 U_B、U_C、U_E。为避免外来电台的干扰，应将天线的初级线圈从电路上拆焊掉。

按此方法可以将 $VT_2 \sim VT_5$ 引脚的静态电压依次测出来。若测量电压与参考电压明显不符，则说明电路或元器件有故障，此时需要及时排除并更换故障元器件。

② 功放管 VT_6、VT_7 各引脚静态电压的测量方法。

连接好直流电源，打开电源开关，将万用表的功能开关拨至 DC 10V 挡，再将黑表笔接电池负极，红表笔分别接功放管 VT_6、VT_7 的基极 B、集电极 C 和发射极 E，分别测量出 U_B、U_C、U_E。为避免外来电台的干扰，应将音量开关拨至最小处进行测量。

（7）收音机的交流调试。

① 将低频电路调试为正常的收音状态。

② 将高频信号发生器的频率选择开关拨至波段 I 上，将调幅波/等幅波开关电源拨至调幅波的位置，调节频率选择旋钮，使红色的指示线对准刻度盘上的 465kHz 的红点位置，由高频信号输出端输出中频信号。

💡 注意事项

一定要在输出端子上串上 1 个 0.01F 的电容器，以保护信号源，同时也保证所调试的放大电路的静态工作点不被破坏。输出电压幅度不宜太大，避免 AGC 电路启控而干扰电路的调试。

③ 将示波器和毫伏表接于扬声器两端或输出变压器的输出端。

④ 将高频信号发生器的输出电缆串入电容器后碰触 VT_3 的基极，利用无感螺丝刀调节 T_5 的磁芯，使扬声器中的声音和毫伏表的读数最大，并且使示波器中的波形幅度最大而不失真。

⑤ T_5 调好后，将 465kHz 的中频信号注入 VT_2 的基极，利用无感螺丝刀调节 T_4 的磁芯，使扬声器中的声音和毫伏表的读数最大，并且使示波器中的波形幅度最大而不失真。

⑥ T_4 调好后，将 465kHz 的中频信号注入 VT_1 的集电极，利用无感螺丝刀调节 T_3 的磁芯，使扬声器中的声音和毫伏表的读数最大，并且使示波器中的波形幅度最大而不失真。

⑦ T_3 调好后，将上述步骤反复多调几次，使扬声器中的声音和毫伏表的读数最大，并且使示波器中的波形幅度最大而不失真。

⑧ 全部调试好后用油漆或蜡将 3 个中周的磁芯封住，在装配工艺上漆封就表示调试结束，同时还可以防止机械振动等引起磁芯位置的变化，从而引起谐振频率的变化。

（8）频率范围的调整。

① 先使高频信号发生器输出 600kHz 的调幅信号，再调双联电容器 C_1 使收音机收到此

信号，然后调节天线线圈 T_1 在天线磁棒上的位置，使示波器和毫伏表的输出最大，完成低频端统调。

② 先使高频信号发生器输出 1.5MHz 的调幅信号，再调节双联电容器 C_1，收到信号后调节拉线补偿电容器 C_2 使输出最大，达到高频端统调。

③ 高、低频端互相影响，反复调两三次即可。

2）单片机数字钟的调试

由于本数字钟是由单片机程序控制的，所以只需对时间进行校对即可。

首先检查电路无故障即可通电调试。一般单片机电路的供电电压为 5V。通电后，电源指示灯正常发光，六个数码管均显示 0，说明单片机电路和显示电路基本正常。断电后装入 3V 纽扣电池，再接通电源，数码管开始显示时间，说明计时电路（时钟电路）基本正常。3V 纽扣电池为计时电路供电，并保证主电源断电后计时电路照常工作。

不同的单片机电路，控制电路也不同。本电路的控制如下：REST 用于复位控制；S_2 用于选择调节对象（秒、分、时）的选择；S_3 用于时间的调节；S_4 用于日期的调节。

4．任务评价

任务检测与评估

检 测 内 容	分　值	评 分 标 准	学 生 自 评	教 师 评 估
直观检测电子整机的元器件状态	10	漏检一个元器件扣 2 分；漏检两个元器件扣 5 分。扣分不得超过 10 分		
测量电源输入端的对地电阻	10	万用表挡位错误扣 2 分；万用表没有校零扣 2 分；测量位置错误扣 5 分。扣分不得超过 10 分		
调试各单元电路的工作电流	10	电流表挡位错误扣 2 分；调试位置错误扣 5 分。扣分不得超过 10 分		
检测整机电路的工作电流	10	电流表挡位错误扣 2 分；测量位置错误扣 5 分。扣分不得超过 10 分		
调试收音机各级单元电路的工作电压	10	万用表挡位错误扣 2 分；测量位置错误扣 5 分。扣分不得超过 10 分		
收音机的交流调试	10	信号发生器、示波器、毫伏表使用不熟练各扣 2 分；中周一个没有调试好扣 5 分。扣分不得超过 10 分		
频率范围的调整	10	低、高频端没有调试好，扣 5 分。扣分不得超过 10 分		
数字钟的调试	10	时间没有调试准确，扣 5 分。扣分不得超过 10 分		
安全操作	10	不按照规定操作，损坏仪器，扣 4～10 分。扣分不得超过 10 分		
现场管理	10	结束后没有整理现场，扣 4～10 分。扣分不得超过 10 分		
合计	100			

任务二　认知电子产品的检验

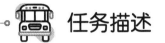

任务描述

基于螺丝刀、镊子、万用表、信号发生器、毫伏表等工具和含有不合格元器件的收音机套件、装配结束的收音机等材料完成以下任务。

（1）元器件质量的检验。

（2）元器件引脚的成型、元器件的插装工艺、焊接工艺的检验。

（3）收音机整机的检验。

信息收集

一、电子产品检验的目的和方法

1）电子产品检验的目的

电子产品的检验与电路的调试有着本质的区别。

电子产品的检验是使用一定的技术手段，按照技术要求规定的内容对产品进行观察、测量和试验，测定出电子产品的质量特性，与国标、部标、行业标准或者是买卖双方制定的技术协议等公认的质量标准进行比较，做出该电子产品是否合格的判定。

在市场竞争日益激烈的今天，电子产品的质量是企业的生命和灵魂，检验是把好电子产品质量关的重要手段，它贯穿于电子产品的整个生产过程。

电子产品的检验有自检、互检和专职检验三级检验制度。

2）电子产品检验的方法

电子产品检验的方法分为全数检验和抽样检验。

（1）电子产品的全数检验。电子产品的全数检验又叫全检，是对产品进行百分之百的逐个检验。电子产品经过全检后质量的可靠性最高，但要消耗大量的人力、物力，会造成生产成本的增加。因此，除了对可靠性要求特别高的产品，如军工产品、航天产品、试制产品及在生产条件、生产工艺改变后生产的部分产品才进行全检外，一般的电子产品都进行抽样检验。

（2）电子产品的抽样检验。电子产品的抽样检验简称抽检，是根据统计方法所预先制定的方案，从待检验产品中抽取部分样品进行检验，根据这部分样品的检验结果，按抽样方案确定的判断原则，判定整批产品的质量水平，从而得出该产品是否合格的结论。

在电子产品批量生产的过程中，不可能也没有必要对生产出的产品都采用全检，所以抽检是目前在生产中广泛采用的一种检验方法。抽检应在产品成熟、定型、工艺规范、设备稳定、工装可靠的前提下进行，抽样方案按照国家标准 GB/T 2828.10—2010《计数抽样检验程序第10部分：GB/T 2828 计数抽样检验系列标准导则》制定。

二、电子产品的检验内容

电子产品的检验内容是按照实际电子产品的具体要求确定的，但有一些检验内容具有普遍意义。

1）电子产品的普遍检验内容

（1）性能检验。指电子产品满足使用目的所应具备的技术特性，包括电子产品的使用性能、机械性能、理化性能、外观要求等。

（2）可靠性检验。指电子产品在规定时间内和规定条件下完成工作任务的性能，包括电子产品的平均寿命、失效率、平均维修时间间隔等。

（3）安全性检验。指电子产品在操作、使用过程中保证人身安全的程度。

（4）适应性检验。指电子产品对自然环境条件表现出来的适应能力，如对温度、湿度、酸碱度等指标的反应程度。

（5）经济性检验。指电子产品的生产成本、经营成本和维持工厂正常工作的消耗费用等是否满足要求。

（6）时间性检验。指电子产品进入市场的适时性和售后能否及时提供技术支持和维修服务等。

2）电子产品的检验时间段

（1）入库前的检验。入库前的检验是保证电子产品质量可靠性的重要前提。电子产品生产所需的原材料、元器件等，在采购、包装、存放、运输过程中可能会出现变质和损坏或者本身就是不合格品，因此，这些物品在入库前都应按照电子产品的技术条件、协议等进行外观检验和质量检验，检验合格后方可入库。对判为不合格的物品则不能使用，并要进行隔离，以免产生混料现象。

另外，有些电子元器件，如晶体管、集成电路及部分阻容元件等，在装配前还要进行老化筛选工作。

（2）生产过程中的检验。生产过程中的检验指对生产过程中的各道工序进行检验，采用操作人员自检、生产班组互检和专职人员检验相结合的方式进行。

自检就是操作人员根据本工序工艺卡的要求，对自己所组装的元器件、零部件的装接质量进行检查，对不合格的部件及时进行调整和更换，避免流入下一道工序。

互检就是下一道工序对上一道工序的检验。操作人员在进行本工序操作前，检查上一道工序的装调质量是否符合要求，对有质量问题的部件要及时反馈给上一道工序的操作人员，不能在不合格部件上进行本工序的操作。

专职检验一般在部件装配、整机装配与调试都完成以后的工序进行。检验时要根据检验标准，对部件、整机生产过程中各装调工序的质量进行综合检查。检验标准一般以文字或者图纸形式表达，对一些不方便使用文字、图纸表达的缺陷，应使用实物建立标准样品作为检验依据。

（3）整机检验。整机检验是电子产品经过总装、调试合格之后，检查电子产品是否达到预定功能的要求和技术指标。整机检验主要包括直观检验、功能检验和主要性能指标的测试等内容。

直观检验的内容有：电子产品整体是否整洁；板面、机壳表面的涂覆层及装饰件、标志、铭牌等是否齐全，有无损伤；电子产品的各种连接装置是否完好；各金属件有无锈斑；结构件有无变形和断裂；表面丝印字迹是否完整、清晰；指针式表头的量程是否符合要求；机械转动机构是否灵活；控制开关是否到位等。

功能检验是对电子产品设计所要求的各项功能进行检查。不同的电子产品有不同的检验内容和要求。例如，对液晶电视机应检验的项目有节目选择、图像质量、亮度、颜色和伴音等功能。

主要性能指标的测试是指使用符合规定精度的仪器和设备，对电子产品的技术指标进行测量，判断电子产品是否达到国家标准或行业标准。现行国家标准规定了各种电子产品的基本参数及测量方法，检验中一般只对其主要性能指标进行测试。

3）电子产品的样品试验

电子产品的样品试验是为了全面了解电子产品的特殊性能，是对定型电子产品或长期生产的电子产品所进行的例行验证。为了能如实反映电子产品的质量，试验的电子产品样机应在检验合格的整机中随机抽取。

4）电子产品的环境试验

环境试验是评价、分析环境对电子产品性能影响的试验，是在模拟电子产品可能遇到的各种环境条件下进行的。环境试验是一种检验产品适应环境能力的方法。

环境试验的项目是从实际环境中抽象和概括出来的。因此，环境试验可以是模拟一种环境因素的单一试验，也可以是同时模拟多种环境因素的综合试验。

环境试验包括机械试验、气候试验、运输试验和特殊试验。

5）寿命试验

寿命试验是用来考察电子产品寿命规律性的试验，它是电子产品在最后阶段的试验。在试验条件下，模拟产品实际工作状态和储存状态，投入一定数量的样品进行试验。试验中要记录样品失效的时间，并对这些失效时间进行统计分析，以评估电子产品的可靠性、失效性、平均寿命等指标。

寿命试验分为工作寿命试验和储存寿命试验两种。因储存寿命试验的时间长，故一般采取工作寿命试验（又叫功率老化试验）。工作寿命试验是在给产品加上规定工作电压条件下进行的试验，试验过程中应按技术条件规定，间隔一定的时间进行参数测试。

电子产品要进行试验的项目很多，应根据电子产品的用途和使用条件来确定。只有对可靠性要求特别高，且需要在恶劣环境条件下工作的电子产品，才有必要做完上述试验。

阅读与思考

功夫不负有心人

世界技能大赛被誉为国际技能界的"奥林匹克"，是各国工匠较量真本事的擂台。2015年8月，第43届世界技能大赛在巴西圣保罗举办。中国队的32名选手分别参加了29个比赛项目，取得了5金6银3铜和12个优胜的好成绩。其中，焊接比赛首次冲金成功，实现历史性的零突破。

获得"世界第一好焊"美称的工匠，是来自中国十九冶集团有限公司的四川小伙曾正超，当时他才19岁。这么年轻就成为世界焊接冠军，无论从哪个方面看都充满了传奇色彩。但曾正超的成才之路一点都不平坦。他之所以成功得那么早，是因为把许多人十几年的辛苦都提前体验了。

初中毕业后，16岁的曾正超没有选择常规的读高中考大学之路，而是考入一所职业学校，学起焊工。

曾正超的手臂上有几十个烫疤，都是训练时留下来的。尽管如此，他还是坚持每天独自练习，哪怕气温超过30℃，他依然穿着满是烫孔的厚实工作服。这种吃苦耐劳的认真劲很快为他赢得了机遇。

2013年初，曾正超完成孟加拉国的工程建设任务返回国内，此时公司决定让他参与第43届世界技能大赛的备战。紧接着，在四川省选拔赛焊接项目获得一等奖，在全国选拔赛中拔得头筹，进入国家队集训。后来又在全国五进二选拔赛获得第一名，成为中国队在焊接项目上的代表。

在国家队集训期间，曾正超每天6：30起床，先进行40分钟以上的体能训练，8：00开始焊接技能训练，忙到晚上十一二点才休息。平均每天训练时间长达15个小时。训练内容完全按照大赛要求严格进行。

曾正超在训练过程中多次被焊光灼伤，在赛前一个月还遇到了最大的阻碍。当时中国队从美国订制了一台设备，但焊工队员们看不懂按钮上面的英文，也不清楚进口设备的参数设置。曾正超与队友们一面查背单词，一面测试设备的参数设置。不料，经过很多天的努力，曾正超还是不能做出完美的焊接。

好在功夫不负有心人，曾正超终于在比赛前十几天的时候彻底弄清了这台设备。

2015年8月，曾正超远赴巴西参加世界技能大赛。大赛要求选手在4天18个小时内完成4个模块的焊接，评分标准极其严格。最终，曾正超力压群雄，一举夺金，实现了他"立足本职工作，练出一身过硬知识技能"的奋斗目标。为此，教练也大发感叹：真是功夫不负有心人。

2016 年，年仅 20 岁的曾正超获得"四川省劳动模范"的荣誉称号，刷新了四川省劳模最低年龄获得者记录。

根据以上信息，认真思考以下问题：

（1）针对上述故事，请收集类似的案例，书写一篇"立足本职工作，锤炼工匠精神"短文，并与同学们分享。

（2）练就一身电子产品检验技能，需从哪些方面努力？结合你的人生规划，谈谈自己的想法。

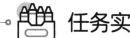

任务实施

收音机的整机检验

1．任务目标

（1）元器件的检验。

（2）生产过程中的检验。

（3）成品质量检验。

2．所需器材

（1）工具：螺丝刀、镊子、万用表、毫伏表、函数信号发生器各一个（台）。

（2）器材：收音机元器件一套（含有不合格元器件两个），焊接完毕的收音机印制电路板一个，成品收音机一台。

3．完成内容

（1）元器件和其他材料性能的检验。

首先外观检测元器件有无损伤、标志是否清晰完好，之后用万用表进一步检测元器件性能，对有损坏的元器件挑出来并用性能好的进行更换。结构件、零部件、线材、印制电路板、焊料、焊剂等其他材料主要从外观上检验其是否完好且符合要求。

（2）元器件引脚的成型、元器件的插装工艺、焊接工艺的检验。

检验印制电路板上组装的元器件、零部件的装接质量。检查元器件引脚是否规范、插装是否符合要求；焊接点是否光滑匀称、大小是否适当、有无搭桥连接；导线和其他零部件装置是否完好；印制电路板是否整洁、有无伤痕等。

（3）整机的检验。

检查收音机频率指针是否符合要求；选台和音量旋钮是否灵活；电源开关是否到位；音量调节时喇叭声音是否从小到大均匀递增等。

4．任务评价

任务检测与评估

检测内容	分　值	评 分 标 准	学 生 自 评	教 师 评 估
元器件的质量检验	10	漏检一个不合格元器件扣 5 分。扣分不得超过 10 分		
引脚成型工艺检验	15	漏检一个不合格引脚扣 5 分。扣分不得超过 15 分		
插装工艺检验	15	漏检一个不合格插装扣 5 分。扣分不得超过 15 分		
焊接工艺检验	15	漏检一个不合格焊点扣 5 分。扣分不得超过 15 分		
印制电路板检验	10	漏检一处扣 5 分。扣分不得超过 10 分		
整机装配工艺检验	15	漏检一处扣 5 分。扣分不得超过 15 分		
安全操作	10	不按照规定操作，损坏仪器，扣 4～10 分。扣分不得超过 10 分		
现场管理	10	结束后没有整理现场，扣 4～10 分。扣分不得超过 10 分		
合计	100			

参考文献

[1]韩雪涛.电子电路识图、应用与检测[M].北京：电子工业出版社，2019.

[2]刘进峰.电子产品装配与调试[M].北京：中国劳动社会保障出版社，2020.

[3]张明.电子产品结构工艺（第4版）[M].北京：电子工业出版社，2016.

[4]杨小庆.电工技能实训教程[M].北京：机械工业出版社，2020.

[5]孙洋，等.电子元器件识别·检测·选用·代换·维修全书[M].北京：化学工业出版社，2021.

[6]程立群，等.电工技术基础与技能[M].西安：西安电子科技大学出版社，2019.

[7]柳明.电子整机装配工艺项目实训[M].北京：机械工业出版社，2019.

[8]陈雅萍.电工技能与实训——项目式教学[M].北京：高等教育出版社，2020.

[9]许红艳，徐永乐，等.自动生产线技术应用[M].北京：电子工业出版社，2021.

[10]职业杂志社.古今中外工匠精神故事汇（第三版）[M].北京：中国劳动社会保障出版社，2021.

[11]贾德.大国重器[M].南京：江苏凤凰美术出版社，2018.

[12]梁小明，等.大国工匠[M].北京：天地出版社，2021.

反侵权盗版声明

电子工业出版社依法对本作品享有专有出版权。任何未经权利人书面许可，复制、销售或通过信息网络传播本作品的行为；歪曲、篡改、剽窃本作品的行为，均违反《中华人民共和国著作权法》，其行为人应承担相应的民事责任和行政责任，构成犯罪的，将被依法追究刑事责任。

为了维护市场秩序，保护权利人的合法权益，我社将依法查处和打击侵权盗版的单位和个人。欢迎社会各界人士积极举报侵权盗版行为，本社将奖励举报有功人员，并保证举报人的信息不被泄露。

举报电话：（010）88254396；（010）88258888

传　　真：（010）88254397

E - m a i l：dbqq@phei.com.cn

通信地址：北京市万寿路173信箱
　　　　　电子工业出版社总编办公室

邮　　编：100036